Portmann · Vorschriftsgemäßes Entwerfen

Dipl.-Ing. Ulrike Portmann
Prof. Dr.-Ing. Klaus Dieter Portmann

Vorschriftsgemäßes Entwerfen

nach Bauordnungen, Normen,
Richtlinien und Regeln

Anforderungskatalog mit
Textauszügen und Hinweisen

4., völlig neu bearbeitete Auflage

Bauverlag · Wiesbaden und Berlin

Die Deutsche Bibliothek – CIP-Einheitsaufnahme

Portmann, Ulrike:
Vorschriftsgemäßes Entwerfen nach Bauordnungen, Normen, Richtlinien und Regeln: Anforderungskatalog mit Textauszügen und Hinweisen / Ulrike Portmann; Klaus Dieter Portmann. – 4., völlig neu bearb. Aufl. – Wiesbaden; Berlin: Bauverl., 1998

1. Auflage 1981
2. Auflage 1986
3. Auflage 1993
4. Auflage 1998

Das Werk ist urheberrechtlich geschützt. Jede Verwendung auch von Teilen außerhalb des Urheberrechtsgesetzes ist ohne schriftliche Zustimmung des Verlags unzulässig und strafbar. Dies gilt insbesondere für Vervielfältigungen, Übersetzungen, Mikroverfilmungen sowie die Einspeicherung und Verarbeitung in elektronischen Systemen.
Autor(en) bzw. Herausgeber, Verlag und Herstellungsbetrieb(e) haben das Werk nach bestem Wissen und mit größtmöglicher Sorgfalt erstellt. Gleichwohl sind sowohl inhaltliche als auch technische Fehler nicht vollständig auszuschließen.

© 1981 Bauverlag GmbH, Wiesbaden und Berlin

ISBN-13: 978-3-528-01691-3   e-ISBN-13: 978-3-322-80186-9
DOI: 10.1007/978-3-322-80186-9

Anmerkungen zur 4. Auflage

Nach Auskunft des Bundesministers für Raumordnung, Bauwesen und Städtebau sind alle Landesbauordnungen der Musterbauordnung entsprechend angeglichen. Leider ist dem nach dem Studium der Landesbauordnungen nicht so. Noch immer bestehen zum Teil gravierende Unterschiede zwischen den innerdeutschen Landesgrenzen.

Da mittlerweile alle Landesbauordnungen überarbeitet worden sind, haben wir uns entschlossen, für diese Neuauflage die Musterbauordnung MBO zugrunde zu legen. Abweichungen der Landesbauordnungen zu den zitierten Paragraphen der MBO sind im Anhang tabellarisch angegeben.

Das Buch bietet für jeden Architekten und Architekturstudenten eine praxisnahe, schnell nutzbare Zusammenstellung der beim Entwurf zu beachtenden Bauordnungen, Normen, Richtlinien und Regeln.

Größtenteils sind die Auszüge der Texte wörtlich zitiert, in einigen Fällen nur zusammenfassend wiedergegeben.

Die Entwicklung im ökologischen Bauen hat bislang nur wenig Zugang zur Gesetzeslage gefunden. Daher wurde in dieser Neuauflage nicht auf spezifische Erfordernisse wie z.B. Komposttoiletten eingegangen. Berücksichtigung fand lediglich der Lehmbau, da in diesem Bereich zurückgezogene Normen existieren. Bestimmte Methoden von ökologischen Bauvorhaben müssen zur Zeit im Einzelfall begründet und zugelassen werden.

Die notwendige Überarbeitung des Buches entstand nach dem Tod meines Mannes im August 1993 unter der fachkundigen Mithilfe meiner Tochter Cordula.

Lindlar 1997   Dipl.-Ing. Ulrike Portmann

Anmerkungen zur 1. Auflage

Wenn einem die Aufgabe gestellt ist, Entwerfen zu lehren, so scheint dies zunächst unlösbar, denn Entwerfen ist ein intuitiver, kreativer Vorgang, eine künstlerische Aufgabe, die sich einem Lernprozeß entzieht.

Erlernbar ist allenfalls die methodisch-handwerkliche Komponente als da sind: Darstellung, Methodik, Maßstäblichkeit, Materialeinsatz, Konstruktion.

Erlernbar sind aber auch Vorgaben aus funktionstechnischen und sicherheitstechnischen Aspekten, wie sie in Normen, Regeln und Richtlinien festgeschrieben sind.

So entstand dieses Buch aufgrund einer Veranstaltungsreihe „Grundlagen des Entwerfens" mit jungen Architekturstudenten.

In diesem Buch wird nun der Versuch unternommen, aus Gesetzen, Vorschriften, Verordnungen, Richtlinien, Regeln, Normen und Hinweisen alles das zusammenzustellen, was für den Entwurf eines spezifischen Bauobjektes relevant und daher zu beachten ist, soweit es sich um maßliche Bindungen oder geometrische Vorgaben handelt.

Wir würden uns freuen, wenn dieses Buch dazu beitragen könnte, die Fülle der Vorschriften zu vereinheitlichen und zu reduzieren, deren Vielfalt und Unterschiedlichkeit einem bewußt wird, wenn man ein Quellenstudium zur vorliegenden Aufgabe beginnt. Die Unsinnigkeit vieler, zum Teil sich widersprechender Vorschriften wird dann offenkundig.

Dieses Buch wäre nicht notwendig geworden, wenn sich die Paragraphenflut in Grenzen hielte.

Die Verfasser

Inhaltsverzeichnis

1	**Einführung**	9
2	**Methodik**	10
2.1	Planungsablauf	11
2.2	Darstellung	11
2.3	Modulordnung im Bauwesen	13
3	**Begriffe**	15
3.1	Grundstücke	15
3.2	Bauliche Anlagen	15
3.3	Flächen	17
3.4	Räume	19
3.5	Bauwerksteile	20
3.6	Brandsicherheit	21
4	**Baugenehmigung**	22
5	**Abstandflächen**	31
6	**Anforderungen an Räume und Einrichtungen**	33
6.1	Räume für Verkehrszonen	33
6.1.1	Eingänge, Ausgänge, Rettungswege	33
6.1.2	Flure, Verkehrsflächen	36
6.1.3	Treppenräume, Rampen	38
6.1.4	Aufzüge	40
6.2	Aufenthaltsräume (Räume für Wohnzwecke)	42
6.3	Sonstige Aufenthaltsräume	45
6.4	Räume in Kindertagesstätten und Schulen	48
6.5	Küchen	52
6.6	Sanitäreinrichtungen	54
6.7	Nebenräume	58
6.8	Haustechnische Anlagen und Feuerungsanlagen	59
6.9	Garagen, Stellplätze	63
7	**Anforderungen an Bauwerksteile**	65
7.1	Gründungen	65
7.2	Wände, Stützen, Pfeiler, Unterzüge, Balken	65
7.2.1	Brandbelastung	65
7.2.2	Statische Belastung	75
7.3	Decken, Dächer	79
7.3.1	Decken	79
7.3.2	Dächer	82
7.4	Schornsteine	84
7.5	Fenster, Kellerlichtschächte	86
7.6	Türen	88
7.7	Treppen	90
7.8	Umwehrungen	93
7.9	Dachrinnen, Regenfalleitungen	94
8	**Anhang**	95
8.1	Vergleich der Landesbauordnungen	95
8.2	Quellenverzeichnis	100
8.3	Sachwortverzeichnis	102

Einführung

Entwerfen als schöpferisch, kreativer Vorgang in Verbindung mit Gesetzen, Verordnungen, Erlassen, Richtlinien, Regeln und Normen ist sicherlich vordergründig zunächst ein nicht nachvollziehbarer Denkprozeß, doch läßt sich belegen, daß solche Vorgänge seit Beginn des Bauens – also der künstlichen Schaffung von Räumen – bestehen.

Der antike Pythagoras, die mittelalterlichen Bauhütten, die klassizistischen Baumeister – sie alle haben nicht ohne Regeln entworfen und gebaut und in unserem Jahrhundert hat sich Le Corbusier sogar einem selbst auferlegten Zwang unterworfen, indem er den Modulor erfand.

So betrachtet, gab und wird es also immer und überall Regeln für das Bauen geben, die aus unterschiedlichen Gründen entstanden sind: seien es künstlerische, funktionelle, konstruktive oder materielle.

Auch regionale, traditionelle oder klimatische Vorgaben tragen dazu bei, daß nicht überall in gleicher Weise entworfen und gebaut werden kann.

Die "allgemein anerkannten Regeln der Baukunst" sind in vielfältigen Vorschriften und Normen festgelegt, sicherlich mit der löblichen Absicht, "... daß die öffentliche Sicherheit oder Ordnung, insbesondere Leben, Gesundheit oder die natürlichen Lebensgrundlagen, nicht gefährdet werden." (MBO § 3 (1)).

Der Paragraphendschungel ist mittlerweile jedoch so dicht geworden, daß sich Bauherren, Architekten und nicht zuletzt die behördlichen Prüfer schwertun, Bauplanungen überhaupt noch durch die Genehmigungsprozedur zu bekommen. So sind Bauvorschriften nicht nur in jedem Bundesland unterschiedlich; zuweilen widersprechen sie sich auch untereinander oder verstoßen gegen andere Normen oder Richtlinien.

Schwierig wird es, wenn an die Einhaltung der Bauvorschriften Förderungsmittel geknüpft werden. So werden Entwurfslösungen im Verordnungswege festgeschrieben und die Freiheit des Bauherren und jegliche schöpferische Phantasie des Architekten erstickt.

Gerechterweise soll angemerkt werden, daß man sich in einigen Bundesländern seit 1979 bei kleineren Objekten mit Bauanzeigen begnügt.

Der Architekt steht also vor der Aufgabe, ständig nachzuprüfen, ob seine Vorstellungen bereits im Vorentwurf mit entsprechenden Vorschriften übereinstimmen und ob seine Ideen überhaupt zu bauen sind.

In diesem Buch wurde daher der Versuch unternommen, Vorschriften aus der Bauordnung, den DIN-Normen, aus Bundesvorschriften, Förderungsbestimmungen, von Berufsgenossenschaften und Regeln von Interessenverbänden nebeneinanderzustellen und so durchsichtiger zu machen.

Es wurden Vorgaben, die Entwurfsideen beeinflussen, zusammengestellt soweit sie Räume und Bauwerksteile in Wohnungen, Schulen, Kindergärten, Gaststätten, Läden, Heimen und Arbeitsstätten betreffen. Schon im Vorentwurf werden geometrische Angaben, Abmessungen, Größen, Anzahl von Einheiten usw. relevant; auf sie wurde die Auswahl der zitierten Paragraphen beschränkt.

Für Angaben aus Gesetzen, Vorschriften, Normen usw. ist jeweils die Originalfassung in ihrer neuesten Ausgabe maßgebend.

Methodik
Planungsablauf

Zum Erarbeiten von Lösungen sind verschiedene Impulse von Bedeutung, die grob etwa in folgende drei Gruppen unterteilt werden können:
- Kreativität,
- Erfahrung,
- Vorschriftenkenntnis.

In diesem Buch wird insbesondere die Gruppe "Vorschriftenkenntnis" behandelt, soweit sie sich auf Abmessungen und andere geometrische Vorgaben bezieht.

Rangfolge der Vorschriften

- Bundesgesetze,
- Förderungsrichtlinien des Bundes,
- Landesbauordnungen (Gesetz),
- Rechtsverordnungen,
- Verwaltungsvorschriften,
- Förderrichtlinien der Länder,
- Runderlasse des zuständigen Ministers, soweit nicht Ausnahmen oder Befreiungen zulässig sind,
- Richtlinien von Arbeitsgemeinschaften, Institutionen und Fachvereinigungen,
- DIN-Normen als Ausdruck des Standes der Technik, soweit nicht durch Runderlaß eingeführt,
- örtliche Bauvorschriften (Satzungen).

Objektplanung für Gebäude
HOAI § 15

Im Leistungsbild "Objektplanung für Gebäude" der HOAI sind alle wesentlichen Planungsphasen des Bauens exakt beschrieben und definiert. Diese neun Phasen umfassen sowohl Objekt- als auch Prozeßplanung und beinhalten die Erarbeitung einer zeichnerischen Lösung und eine Objektbeschreibung.

Grundlagenermittlung

Ermitteln der Voraussetzungen zur Lösung der Bauaufgabe durch die Planung u.a. durch:
- Klären der Aufgabenstellung,
- Formulierung von Entscheidungshilfen.

Vorplanung

Projekt- und Planungsvorbereitung mit Alternativen, Erarbeiten der wesentlichen Teile einer Lösung der Planungsaufgabe u.a. durch:
- Analyse der Grundlagen,
- Abstimmen der Zielvorstellungen,
- Erarbeiten eines Planungskonzeptes,
- Vorverhandlungen u.a. mit Behörden über die Genehmigungsfähigkeit,
- Kostenschätzung nach DIN 276.

Entwurfsplanung

System- und Integrationsplanung, Erarbeiten der endgültigen Lösung der Planungsaufgabe u.a. durch Berücksichtigung der einflußnehmenden Bauvorschriften.

Genehmigungsplanung

Erarbeiten und Einreichen der Vorlagen für die nach den öffentlich-rechtlichen Vorschriften erforderlichen Genehmigungen oder Zustimmungen.

Ausführungsplanung

Erarbeiten und Darstellen der ausführungsreifen Planungslösung unter Beachtung der öffentlich-rechtlichen Vorschriften.

Vorbereitung der Vergabe

Ermitteln der Mengen und Aufstellen von Leistungsverzeichnissen.

Mitwirkung bei der Vergabe

Ermitteln der Kosten und Mitwirken bei der Auftragsvergabe.

Objektüberwachung

Bauüberwachung, Überwachen der Ausführung des Objektes.

Methodik

Planungsablauf 2.1

Objektbetreuung und Dokumentation

Elektronische Datenverarbeitung

Überwachen der Beseitigung von Mängeln innerhalb der Gewährleistungsfristen und Dokumentation des Gesamtergebnisses.

Bei umfangreichen Planungsaufgaben kann es erforderlich werden, die anfallenden Daten und ihre logische Verknüpfung zu ordnen.

Dazu sind verschiedene Klassifizierungs- und Codierungssysteme entwickelt worden. Die meisten sind sowohl manuell als auch in elektronischer Datenverarbeitung anwendbar.

Die Bearbeitung u.a. folgender Bereiche läßt sich mittels EDV vereinfachen:

- statische Berechnungen,
- Zeichnungserstellung durch CAD-Systeme,
- Adreßverwaltung,
- Kostenkalkulation,
- Terminplanung,
- Dokumentation.

Darstellung 2.2

Lageplan
BauPrüfVO NW

Der Lageplan ist auf der Grundlage der amtlichen Flurkarte aufzustellen. Dabei soll ein Maßstab nicht kleiner als 1 : 500 verwendet werden.

Der Lageplan muß insbesondere enthalten:

- Maßstab, Angabe der Himmelsrichtung,
- Bezeichnung des Baugrundstücks und der benachbarten Grundstücke nach Straße, Hausnummer, Grundbuch und Liegenschaftskataster sowie Angabe der Eigentümer des Baugrundstücks,
- die Festsetzungen im Bebauungsplan über die Art und das Maß der baulichen Nutzung mit den Baulinien oder Baugrenzen,
- Flächen auf dem Baugrundstück, die mit grundbuchlich gesicherten Dienstbarkeiten zur Versorgung mit Elektrizität, Gas, Wärme und Wasser belegt sind,
- die Lage der Entwässerungsgrundleitungen bis zum öffentlichen Kanal oder die Lage der Abwasserbehandlungsanlage mit der Abwassereinleitung,
- die geplanten baulichen Anlagen unter Angabe der Außenmaße der Dachform, der Wand- und Firsthöhen, der Höhenlage der Eckpunkte über NN, der Höhenlage des Erdgeschoßfußbodens, der Grenzabstände, der Tiefe und Breite der Abstandflächen, der Abstände zu anderen baulichen Anlagen,
- die vorhandenen baulichen Anlagen auf dem Grundstück und auf den benachbarten Grundstücken mit allen notwendigen Angaben,
- die rechtmäßigen Grenzen des Grundstücks, seine Umringmaße und seinen Flächeninhalt,
- die Breite und die Höhenlage angrenzender öffentlicher Verkehrsflächen,
- die nicht überbauten Flächen des Baugrundstücks unter Angabe der Lage, Anzahl und Größe der Stellplätze für Kfz und Fahrräder, der Zu- und Abfahrten sowie Flächen für Feuerwehr, Kinderspielplätze und Abfallbehälter.

Für die Darstellung im Lageplan sind die Zeichen der Anlage der BauPrüfVO zu verwenden. Die sonstigen Darstellungen sind, soweit erforderlich, durch Beschriftung zu kennzeichnen.

die Zeichnungen sind teilweise farbig anzulegen

Bauzeichnungen
DIN 1356 T1

Bauzeichnungen im Sinne dieser Norm sind Zeichnungen für die Objektplanung und die Tragwerksplanung für Entwurf, Genehmigung, Ausführung und Aufnahme von baulichen Anlagen.

Die Norm gilt für Bauzeichnungen, die manuell und computergestützt erstellt werden.

Vorentwurfszeichnungen

Zeichnerische Erläuterung des Planungskonzeptes, Maßstab 1 : 500 bzw. 1 : 200

Entwurfszeichnungen

Zeichnerische Darstellung des durchgearbeiteten Planungskonzeptes, Maßstab 1 : 100 bzw. 1 : 200 je nach Art und Umfang der Bauaufgabe

Bauvorlagezeichnungen

Entwurfszeichnungen, die durch alle Angaben ergänzt sind, die nach den jeweiligen Bauvorlagenverordnungen der Länder oder anderen öffentlich-rechtlichen Vorschriften gefordert werden.

Methodik
Darstellung 2.2

Ausführungszeichnungen

Zeichnungen mit allen für die Ausführung notwendigen Einzelangaben unter Berücksichtigung der Beiträge anderer an der Planung fachlich Beteiligten.
Werkzeichnungen im Maßstab 1 : 50, gegebenenfalls 1 : 20
Detailzeichnungen im Maßstab 1 : 20, gegebenenfalls 1 : 10, 1 : 5, 1 : 1

Baubestandszeichnungen

Zeichnungen mit Angaben über die fertiggestellten baulichen Anlagen, Maßstab 1 : 100, 1 : 50

Bauzeichnungen
BauPrüfVO NW

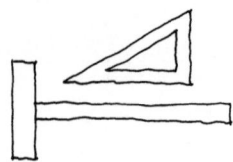

Es ist der Maßstab 1 : 100 zu verwenden.
In den Bauzeichnungen sind anzugeben:
- der Maßstab,
- die Maße, auch die Maße der Öffnungen,
- das Brandverhalten der Baustoffe und die Feuerwiderstandsdauer der Bauteile, soweit aus Gründen des Brandschutzes an diese Forderungen gestellt werden,
- bei Änderung baulicher Anlagen die zu beseitigenden und die neuen Bauteile.

Für die Darstellung in den Bauzeichnungen sind die Zeichen der Anlage der BauPrüfVO zu verwenden. Einzelne Zeichnungen oder Teile hiervon sind durch besondere Zeichnungen, Zeichen oder Farben zu erläutern.

Grundrisse (Typ A)
DIN 1356 T1

Der Grundriß ist die Draufsicht auf den unteren Teil eines horizontal geschnittenen Bauobjektes. Dabei werden von oben sichtbare Begrenzungen und Knickkanten der Bauteiloberseiten als sichtbare Kanten durch Vollinien dargestellt. Unter dieser Oberfläche liegende Kanten werden gegebenenfalls als verdeckte Kanten durch Strichlinien dargestellt. Die Kanten von Bauteilen, die oberhalb der Schnittebene liegen (Unterzüge, Deckenöffnungen, Vorsprünge usw.) werden gegebenenfalls durch Punktlinien dargestellt. Geschnittene Flächen werden in der Zeichnung hervorgehoben. Bei Grundrissen liegt die horizontale Schnittebene – auch verspringend – so im Bauwerk oder Bauteil, daß die wesentlichen Einzelheiten, z.B. Wände oder andere Tragglieder, Treppen, Öffnungen wie Fenster und Türen, geschnitten werden. Die Angabe der horizontalen Schnittebene(n) im Schnitt ist in der Regel entbehrlich.

BauPrüfVO NW

In die Grundrisse aller Geschosse sind einzuzeichnen:
- die vorgesehene Nutzung der Räume,
- die Treppen und Rampen mit ihrem Steigungsverhältnis,
- Art und Anordnung sowie lichte Durchgangsmaße der Türen in und an Rettungswegen,
- Lage und Außenmaße der Abgasanlagen,
- Räume für die Aufstellung von Feuerstätten und für die Brennstofflagerung,
- ortsfeste Behälter für schädliche oder brennbare Flüssigkeiten oder Gase,
- Aufzugsschächte und die nutzbare Grundfläche der Fahrkörbe von Personenaufzügen,
- Lüftungsleitungen und Installationsschächte,
- Feuermelde- und Feuerlöscheinrichtungen mit Angabe ihrer Art, sofern diese besonders vorgeschrieben sind,
- Aufstellungsort von Maschinen und Apparaten.

Schnitte
DIN 1356 T1

Der Schnitt ist die Ansicht des hinteren Teils eines vertikal geschnitenen Bauobjektes. Dabei werden die von vorn sichtbaren Begrenzungen und Kanten durch Vollinien dargestellt. Hinter diesen Vorderseiten liegende Kanten werden gegebenenfalls als verdeckte Kanten durch Strichlinien dargestellt. Die Kanten der Bauteile, die vor der Schnittebene liegen (z.B. Treppenläufe) werden gegebenenfalls durch Punktlinien dargestellt. Geschnittene Flächen werden in der Zeichnung hervorgehoben. Die Schnittebene liegt – auch verspringend – so im Bauwerk oder Bauteil, daß die wesentlichen Einzelheiten, z.B. Wände, Decken, Treppen, Öffnungen wie Fenster und Türen geschnitten werden. Schnittebenen werden in der Regel rechtwinklig oder parallel zu den Außenflächen des Bauwerks oder Bauteils gelegt. Die Lage der vertikalen Schnittebene ist im Grundriß anzugeben.

BauPrüfVO NW

Aus den Schnitten muß insbesondere ersichtlich sein:
- die Höhenlage des Erdgeschoßfußbodens über NN,
- der Anschnitt der vorhandenen und geplanten Geländeoberfläche sowie Aufschüttungen und Abgrabungen,
- die Höhe des Fußbodens höchstgelegenen Aufenthaltsraumes über der Geländeoberfläche mit rechnerischem Nachweis,
- die lichten Raumhöhen,

Methodik **2**

Darstellung 2.2

- die Höhe der Firste über der Geländeoberfläche, die Dachneigungen, sowie das Maß H je Außenwand in dem zur Bestimmung der Abstandflächen erforderlichen Umfang.

Ansichten
DIN 1356 T1

Die Ansicht ist die maßstäbliche Abbildung eines Bauobjektes auf einer vertikalen Bildtafel in orthogonaler Parallelprojektion. Die Bildtafel wird hinter dem Darzustellenden gewählt, die Projektionsrichtung verläuft von vorne (d.h. von der darzustellenden Seite des Objektes) nach hinten. Dabei werden die von vorne sichtbaren Begrenzungen und Knickkanten der Bauteilvorderseiten als sichtbare Kanten durch Vollinien dargestellt. Ansichten sind entsprechend der Lage zu kennzeichnen.

BauPrüfVO NW

In den Ansichten müssen die geplanten baulichen Anlagen, bei Gebäuden auch das vorhandene und künftige Gelände dargestellt werden. Soweit erforderlich müssen geplante Gebäude zusammen mit den Gebäuden in der näheren Umgebung in einer Ansicht im Maßstab 1 : 200 dargestellt werden.

Baubeschreibung
BauPrüfVO NW

In der Baubeschreibung ist das Vorhaben zu erläutern, soweit diese Angaben nicht bereits im Lageplan oder den Bauzeichnungen vorhanden sind, insbesondere hinsichtlich:
- der Bauprodukte und Bauarten, die verwendet und angewandt werden sollen,
- seiner äußeren Gestaltung (Baustoffe, Farben),
- seiner Nutzung.

Für gewerbliche Anlagen muß eine Betriebsbeschreibung zusätzliche Angaben enthalten.

Bautechnische Nachweise
BauPrüfVO NW

Bautechnische Nachweise müssen insbesondere enthalten:
- Nachweis der Standsicherheit,
- Nachweis des Brandverhaltens der Baustoffe und der Feuerwiderstandsdauer der Bauteile,
- Nachweis des Schallschutzes.

Modulordnung im Bauwesen 2.3

Allgemeine Grundsätze zur Maßkoordinierung im Bauwesen
DIN 18 000

Die Festlegungen der DIN 18 000 "Modulordnung im Bauwesen" beruhen auf Arbeitsergebnissen und Empfehlungen der "Internationalen Organisation für Normung" (ISO). Mit dieser Norm werden also internationale Vereinbarungen für die Modulordnung in das deutsche Normenwerk übernommen.
Die Modulordnung behandelt:
- Koordinationssysteme zur Einordnung von Bauwerken und Bauteilen bei Planung, Ausführung und Herstellung,
- Grundeinheiten (Moduln) für Koordinationsmaße in Koordinationssystemen, aus denen Nennmaße (Sollmaße) für Bauwerke und Bauteile abgeleitet werden können.

Zweck

Die Modulordnung ist Hilfsmittel für die Abstimmung der Maße im Bauwesen.

Koordinationssystem

Ein Koordinationssystem besteht aus rechtwinklig zueinander angeordneten Ebenen, deren Abstände Koordinationsmaße sind.
Dem Koordinationssystem werden die Koordinationsräume von Bauwerken und Bauteilen mittels festgelegter Bezugsarten – Grenzbezug, Achsbezug, Randlage, Mittellage – zugeordnet.

Koordinationsmaß

Koordinationsmaß ist das Abstandsmaß der Koordinationsebenen.

Grundmodul

Der Grundmodul ist die kleinste Einheit der Modulordnung. Sein Wert ist M = 100 mm.

Multimodul

Die Multimoduln sind ausgewählte Vielfache des Grundmoduls. Multimoduln sind
  3 M = 300 mm,
  6 M = 600 mm,
 12 M = 1200 mm.

Methodik
Modulordnung im Bauwesen 2.3

Vorzugszahlen

Vorzugszahlen sind die begrenzten Folgen der Vielfachen der Moduln. Aus ihnen sollen die Koordinationsmaße vorzugsweise gebildet werden.

Anmerkung: Mit der Modulordnung ist auch die Kombination verschieden großer Bauteile möglich.
Ebenso lassen sich nicht rechtwinklige Bauteile einordnen, oder sogenannte "runde" Bauwerke (Polygonzüge) planen.

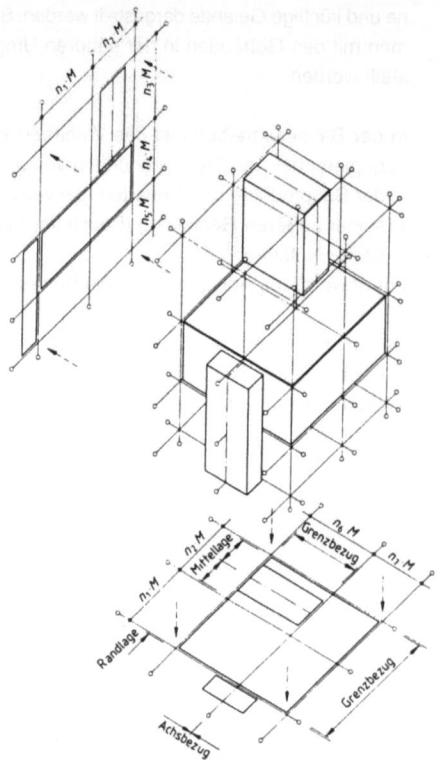

Bezugsarten im Koordinationssystem

Begriffe

Grundstücke 3.1

Das Grundstück und seine Bebauung
MBO § 4

(1) Gebäude dürfen nur errichtet werden, wenn das Grundstück in angemessener Breite an einer befahrbaren öffentlichen Verkehrsfläche liegt, oder wenn das Grundstück eine befahrbare, öffentlich-rechtlich gesicherte Zufahrt zu einer befahrbaren öffentlichen Verkehrsfläche hat; bei Wohnwegen kann auf die Befahrbarkeit verzichtet werden, wenn wegen des Brandschutzes Bedenken nicht bestehen.

BauO NW § 4

(1) ...2. die Wasserversorgungsanlagen benutzbar sind und die Abwasserbeseitigung entsprechend den Vorschriften gewährleistet ist.

Baugrundstück
NBauO § 4

(1) Baugrundstück ist das Grundstück im Sinne des Bürgerlichen Rechts, auf dem eine Baumaßnahme durchgeführt wird oder auf dem sich eine bauliche Anlage befindet. Das Baugrundstück kann auch aus mehreren aneinandergrenzenden Grundstücken bestehen, wenn ...

Bauweise
BauNVO § 22

(1) Die Bauweise ist im Bebauungsplan als offene oder geschlossene Bauweise festgesetzt.
(2) **Offene Bauweise**: Einzelhäuser, Doppelhäuser oder Häusergruppen mit bis zu 50 m Länge.
(3) **Geschlossene Bauweise**: Gebäude ohne seitlichen Grenzabstand (z.B. Reihenhäuser).

Bauliche Anlagen 3.2

Bauliche Anlagen
MBO § 2

(1) Bauliche Anlagen sind mit dem Erdboden verbundene, aus Bauprodukten hergestellte Anlagen. Eine Verbindung mit dem Boden besteht auch dann, wenn die Anlage durch eigene Schwere auf dem Boden ruht oder auf ortsfesten Bahnen begrenzt beweglich ist oder wenn die Anlage nach ihrem Verwendungszweck dazu bestimmt ist, überwiegend ortsfest benutzt zu werden. Zu den baulichen Anlagen zählen auch
1. Aufschüttungen und Abgrabungen,
2. Lagerplätze, Abstellplätze und Ausstellungsplätze,
3. Campingplätze, Wochenendplätze und Zeltplätze,
4. Stellplätze für Kraftfahrzeuge,
5. Gerüste,
6. Hilfseinrichtungen zur statischen Sicherung von Bauzuständen.

MBO § 3

(1) Bauliche Anlagen sowie andere Anlagen und Einrichtungen ... sind so anzuordnen, zu errichten, zu ändern und instandzuhalten, daß die öffentliche Sicherheit oder Ordnung, insbesondere Leben, Gesundheit oder die natürlichen Lebensgrundlagen, nicht gefährdet werden.

MBO § 51

(1) Können durch die besondere Art oder Nutzung baulicher Anlagen und Räume ihre Benutzer oder die Allgemeinheit gefährdet oder in unzumutbarer Weise belästigt werden, so können im Einzelfall ... besondere Anforderungen gestellt werden ...

MBO § 52

(1) Bauliche Anlagen und andere Anlagen und Einrichtungen, die von Behinderten, alten Menschen und Müttern mit Kleinkindern nicht nur gelegentlich aufgesucht werden, sind so herzustellen und instandzuhalten, daß sie von diesen Personen ohne fremde Hilfe zweckentsprechend genutzt werden können. MBO § 51 bleibt unberührt.

Bauwerk

Bauwerk ist der Baukörper, dessen Kosten zu ermitteln sind. Ein Bauwerk kann auch aus mehreren Baukörpern bestehen.

Bauart
MBO § 2

(10) Bauart ist das Zusammenfügen von Bauprodukten zu baulichen Anlagen oder Teilen von baulichen Anlagen.

Gebäude
MBO § 2

(2) Gebäude sind selbständig benutzbare, überdeckte bauliche Anlagen, die von Menschen betreten werden können und geeignet oder bestimmt sind, dem Schutz von Menschen, Tieren oder Sachen zu dienen.

Begriffe

Bauliche Anlagen

3.2

Gebäude geringer Höhe
MBO § 2

(3) Gebäude geringer Höhe sind Gebäude, bei denen der Fußboden keines Geschosses, in dem Aufenthaltsräume möglich sind, an keiner Stelle mehr als 7 m über der Geländeoberfläche liegt ...

Gebäude mittlerer Höhe
BauO NW § 2

(3) Gebäude mittlerer Höhe sind Gebäude, bei denen der Fußboden mindestens eines Aufenthaltsraumes im Mittel mehr als 7 m und nicht mehr als 22 m über der Geländeoberfläche liegt ...

Hochbauten

Hochbauten sind aus Baustoffen und Bauteilen hergestellte und fest mit dem Baugrund verbundene bauliche Anlagen.

Hochhäuser
MBO § 2

(3) ... Hochhäuser sind Gebäude, bei denen der Fußboden mindestens eines Aufenthaltsraumes mehr als 22 m über der Geländeoberfläche liegt.

Notwendige Stellplätze und Garagen
MBO § 48

(1) Bauliche Anlagen sowie andere Anlagen, bei denen ein Zugangsverkehr oder Abgangsverkehr zu erwarten ist, dürfen nur errichtet werden, wenn Stellplätze oder Garagen in ausreichender Größe sowie in geeigneter Beschaffenheit hergestellt werden (notwendige Stellplätze oder Garagen).

Stellplätze und Garagen
MBO § 2

(7) **Stellplätze** sind Flächen, die dem Abstellen von Kraftfahrzeugen außerhalb der öffentlichen Verkehrsflächen dienen.
Garagen sind ganz oder teilweise umschlossene Räume zum Abstellen von Kraftfahrzeugen. Ausstellungsräume, Verkaufsräume, Werkräume und Lagerräume für Kraftfahrzeuge gelten nicht als Stellplätze oder Garagen.

GarVO NW § 2

(5) Oberirdische Garagen sind Garagen, deren Fußböden im Mittel nicht mehr als 1,30 m unter der Geländeoberfläche liegen.

(2) Offene Kleingaragen (bis 100 m²) sind Kleingaragen, die unmittelbar ins Freie führende Öffnungen in einer Größe von mindestens einem Drittel der Gesamtfläche der Umfassungswände haben.

(3) Offene Mittel- (100–1000 m²) und Großgaragen (über 1000 m²) sind Garagen, die unmittelbar ins Freie führende, unverschließbare Öffnungen in einer Größe von insgesamt mindestens einem Drittel der Gesamtfläche der Umfassungswände haben, bei denen mindestens zwei sich gegenüberliegende Umfassungswände mit den ins Freie führenden Öffnungen nicht mehr als 70 m voneinander entfernt sind und bei denen eine ständige Querlüftung vorhanden ist.
Offene Garagen sind auch Stellplätze mit Schutzdächern (überdachte Stellplätze).

(4) Geschlossene Garagen sind Garagen, die die Anforderungen nach (2) und (3) nicht erfüllen.

Feuerstätten
MBO § 2

(8) Feuerstätten sind in oder an Gebäuden ortsfest benutzte Anlagen oder Einrichtungen, die dazu bestimmt sind, durch Verbrennung Wärme zu erzeugen.

Bauprodukte
MBO § 2

(9) Bauprodukte sind
1. Baustoffe, Bauteile und Anlagen, die hergestellt werden, um dauerhaft in bauliche Anlagen eingebaut zu werden,
2. aus Baustoffen und Bauteilen vorgefertigte Anlagen, die hergestellt werden, um mit dem Erdboden verbunden zu werden, wie Fertighäuser, Fertiggaragen und Silos.

Begriffe

Flächen

Abstandflächen
MBO § 6

(nach 1) Abstandflächen sind von oberirdischen Gebäuden freizuhaltende Flächen vor den Außenwänden von Gebäuden.
Der früher allgemein übliche Begriff "Bauwich" ist nicht mehr in Gebrauch.

Überbaubare Grundstücksfläche
BauNVO § 23

Die überbaubaren Grundstücksflächen können durch Festsetzung von Baulinien, Baugrenzen oder Bebauungstiefen bestimmt werden.

Brutto-Grundfläche (BGF)
DIN 277 T1

Die Brutto-Grundrißfläche ist die Summe der anrechenbaren Grundflächen aller Grundrißebenen eines Bauwerkes. Die Brutto-Grundfläche gliedert sich in Konstruktions-Grundfläche und Netto-Grundfläche.

Funktionsfläche (FF)
DIN 277 T1

Die Funktionsfläche ist derjenige Teil der Netto-Grundrißfläche, der der Unterbringung zentraler betriebstechnischer Anlagen in einem Bauwerk dient.
Zur Funktionsfläche gehören auch die Grundflächen von Hausanschlußräumen, betretbaren Ver- und Entsorgungskanälen und -schächten sowie von Installationsgeschossen. Sofern es die Zweckbestimmung eines Bauwerkes ist, ... betriebstechnische Anlagen unterzubringen, die der Ver- und Entsorgung anderer Bauwerke dienen, ... sind die dafür erforderlichen Grundflächen jedoch Nutzflächen.

Grundfläche

Die Grundflächen von Wohnungen werden aus den Fertigmaßen (lichte Maße zwischen den Wänden) ermittelt, und zwar in der Regel für jeden Raum einzeln ... Werden die Maße aus einer Bauzeichnung entnommen, so kann man bei verputzten Wänden die aus den Rohbaumaßen errechneten Grundflächen um 3% verkleinern.

II. BV Teil IV § 43

(1) Die Grundfläche eines Raumes ist nach Wahl des Bauherrn aus den Fertigmaßen oder den Rohbaumaßen zu ermitteln ...
(4) Von den errechneten Grundflächen sind abzuziehen die Grundflächen von
- Schornsteinen und anderen Mauervorlagen, freistehenden Pfeilern und Säulen, wenn sie in der ganzen Raumhöhe durchgehen und ihre Grundfläche mehr als 0,1 m² beträgt.
- Treppen mit über drei Steigungen und deren Treppenabsätze.

(5) Zu den errechneten Grundflächen sind hinzuzurechnen die Grundflächen von
- Fenster- und offenen Wandnischen, die bis zum Fußboden herunterreichen und mehr als 0,13 m tief sind,
- Erkern und Wandschränken, die eine Grundfläche von mindestens 0,5 m² haben,
- Raumteilen unter Treppen, soweit die lichte Höhe mindestens 2 m ist.

Nicht hinzuzurechnen sind die Grundflächen der Türnischen.

Konstruktions-Grundfläche (KGF)
DIN 277 T1

Die Konstruktions-Grundfläche ist die Summe der Grundflächen der aufgehenden Bauteile aller Grundrißebenen eines Bauwerkes, z.B. Wände, Stützen, Pfeiler. Zur Konstruktions-Grundfläche gehören auch die Grundflächen von Schornsteinen, nichtbegehbaren Schächten, Türöffnungen, Nischen sowie von Schlitzen.

Netto-Grundfläche (NGF)
DIN 277 T1

Die Netto-Grundfläche ist die Summe der nutzbaren, zwischen den aufgehenden Bauteilen befindlichen Grundflächen aller Grundrißebenen eines Bauwerkes. Zur Netto-Grundfläche gehören auch die Grundflächen von freiliegenden Installationen und von fest eingebauten Gegenständen, z.B. Öfen, Heizkörper, Tischplatten. Die Netto-Grundfläche gliedert sich in Nutzfläche, Funktionsfläche und Verkehrsfläche.

Nutzfläche (NF)
DIN 277 T1

Die Nutzfläche ist derjenige Teil der Netto-Grundfläche, der der Nutzung des Bauwerkes aufgrund seiner Zweckbestimmung dient.
Die Nutzfläche gliedert sich in Hauptnutzfläche und Nebennutzfläche.

Hauptnutzfläche (HNF)
DIN 277 T2

Zur Hauptnutzfläche gehören folgende Nutzungsarten:
- Wohnen und Aufenthalt,
- Büroarbeit,
- Produktion, Hand- und Maschinenarbeit, Experimente,
- Lagern, Verteilen und Verkaufen,
- Bildung, Unterricht und Kultur,
- Heilen und Pflegen.

Begriffe
Flächen 3.3

Nebennutzfläche (NNF)
DIN 277 T2

Zur Nebennutzfläche gehören folgende Nutzungsarten:
- Sonstige Nutzungen, z.B. Sanitärräume,
  Garderoben,
  Abstellräume,
  Fahrzeugabstellflächen,
  Fahrgastflächen,
  Räume für zentrale Technik,
  Schutzräume.

Wohnfläche
II. BV Teil IV § 42

(1) Die Wohnfläche einer Wohnung ist die Summe der anrechenbaren Grundflächen der Räume, die ausschließlich zu der Wohnung gehören.

(2) Die Wohnfläche eines einzelnen Wohnraumes besteht aus dessen anrechenbarer Grundfläche; hinzuzurechnen ist die anrechenbare Grundfläche der Räume, die ausschließlich zu diesem einzelnen Wohnraum gehören ...

(3) Die Wohnfläche eines Wohnheimes ist die Summe der anrechenbaren Grundflächen der Räume, die zur alleinigen und gemeinschaftlichen Benutzung durch die Bewohner bestimmt sind.

(4) Zur Wohnfläche gehört nicht die Grundfläche von
  1. Zubehörräumen: Keller, Dachböden, Garagen usw.,
  2. Wirtschaftsräumen: Vorratsräume, Abstellräume usw.,
  3. Räume, die den Anforderungen nicht genügen,
  4. Geschäftsräumen.

II. BV Teil IV § 44

(1) Zur Ermittlung der Wohnfläche sind anzurechnen:
  1. **voll** die Grundflächen von Räumen und Raumteilen mit einer lichten Höhe von mindestens 2 m;
  2. **zur Hälfte** die Grundflächen von Räumen und Raumteilen mit einer lichten Höhe von mindestens 1 m und weniger als 2 m und von Wintergärten, Schwimmbädern und ähnlichen, nach allen Seiten geschlossenen Räumen;
  3. **nicht** die Grundflächen von Räumen oder Raumteilen mit einer lichten Höhe von weniger als 1 m.

(3) Zur Ermittlung der Wohnfläche können abgezogen werden:
  1. bei einem Wohngebäude mit einer Wohnung bis zu 10 vom Hundert der ermittelten Grundfläche der Wohnung,
  2. bei einem Wohngebäude mit zwei nicht abgeschlossenen Wohnungen bis zu 10 vom Hundert der ermittelten Grundfläche beider Wohnungen,
  3. bei einem Wohngebäude mit einer abgeschlossenen und einer nicht abgeschlossenen Wohnung bis zu 10 vom Hundert der ermittelten Grundfläche der nicht abgeschlossenen Wohnung.

Verkehrsfläche (VF)
DIN 277 T1

Die Verkehrsfläche ist derjenige Teil der Netto-Grundfläche, der dem Zugang zu den Räumen, dem Verkehr innerhalb des Bauwerkes und auch dem Verlassen im Notfall dient, z.B. Grundflächen von Fluren, Hallen, Treppen, Schächten für Förderanlagen und Fahrzeugverkehrsflächen.
Bewegungsflächen innerhalb von Räumen, die zur Nutz- oder Funktionsfläche gehören, z.B. Gänge zwischen Einrichtungsgegenständen, zählen nicht zur Verkehrsfläche.

Begriffe
Räume
3.4

Brutto-Rauminhalt (BRI)
DIN 277 T1

Der Brutto-Rauminhalt ist der Rauminhalt des Körpers, der von den äußeren Begrenzungsflächen des Bauwerks gebildet wird.
Nicht zum Brutto-Rauminhalt gehören die Rauminhalte von:
- Fundamenten und untergeordneten Bauteilen wie z.B. konstruktive und gestalterische Profilierungen an der Fassade, auskragende Sonnenschutzanlagen, Lichtkuppeln, Schornsteinköpfe, Dachüberstände (nicht Überdeckungen von Loggien, Balkone, Terrassen), sowie
- Bauteile, wie z.B. Kellerlichtschächte, Außentreppen, Außenrampen, Eingangsüberdachungen, Dachgauben, soweit sie von untergeordneter Bedeutung für den Brutto-Rauminhalt sind.

Netto-Rauminhalt (NRI)
DIN 277 T1

Der Netto-Rauminhalt ist die Summe der Rauminhalte aller Räume, deren Grundflächen zur Netto-Grundfläche gehören.

Vollgeschosse
MBO § 2

(4) Vollgeschosse sind Geschosse, deren Deckenoberkante im Mittel mehr als 1,4 m über die festgelegte Geländeoberfläche hinausragt und die über mindestens zwei Drittel ihrer Grundfläche eine lichte Höhe von mindestens 2,3 m haben.

Oberirdische Geschosse
MBO § 2

(6) Oberirdische Geschosse sind Geschosse, die im Mittel mehr als 1,4 m über die festgelegte Geländeoberfläche hinausragen. Hohlräume zwischen der obersten Decke und dem Dach, in denen Aufenthaltsräume nicht möglich sind, gelten nicht als Geschosse.

Wohnungen
MBO § 45

(1) Jede Wohnung muß von anderen Wohnungen und fremden Räumen baulich abgeschlossen sein und einen eigenen, abschließbaren Zugang unmittelbar vom Freien, von einem Treppenraum, einem Flur oder einem anderen Vorraum haben. Wohnungen in Wohngebäuden mit nicht mehr als zwei Wohnungen brauchen nicht abgeschlossen zu sein. Wohnungen in Gebäuden, die nicht nur zum Wohnen dienen, müssen einen besonderen Zugang haben; gemeinsame Zugänge können gestattet werden, wenn Gefahren oder unzumutbare Belästigungen für die Benutzer der Wohnungen nicht entstehen.

Aufenthaltsräume
MBO § 2

(5) Aufenthaltsräume sind Räume, die zum nicht nur vorübergehenden Aufenthalt von Menschen bestimmt oder geeignet sind.

Notwendige Flure und Gänge
MBO § 33

(1) Notwendige Flure sind Flure, über die Rettungswege von Aufenthaltsräumen zu Treppenräumen notwendiger Treppen oder zu Ausgängen ins Freie führen ...
Einige Landesbauordnungen bezeichnen notwendige Flure als "allgemein zugängliche Flure".

Rettungswege
BASchulR NW

3.7.1 Rettungswege sind die Hauptgänge in Räumen, Ausgänge zu den Fluren, Flure, notwendige Treppen und Ausgänge ins Freie. Sie müssen in solcher Zahl und Breite vorhanden und so verteilt sein, daß die Benutzer auf kürzestem Wege leicht und gefahrlos ins Freie und auf öffentliche Verkehrsflächen gelangen können. Die Rettungswege sollen den für den Schulbetrieb erforderlichen Erschließungswegen entsprechen.

Aufzüge in Arbeitsstätten
AufzV § 2

(1) Aufzugsanlagen im Sinne dieser Verordnung sind Anlagen, die zur Personen- oder Güterbeförderung zwischen festgelegten Zugangs- oder Haltestellen bestimmt sind und deren Lastenaufnahmemittel
1. in einer senkrechten oder gegen die waagrechte geneigten Fahrbahn bewegt werden und
2. mindestens teilweise geführt sind.

Hausanschlußräume
DIN 18 012

Der Hausanschlußraum ist der Raum eines Gebäudes, der zur Einführung der Anschlußleitungen für die Ver- und Entsorgung des Gebäudes bestimmt ist und in dem die erforderlichen Anschlußeinrichtungen und gegebenenfalls Betriebseinrichtungen untergebracht werden.

Räume in Arbeitsstätten
ArbStättV § 2

(1) Arbeitsstätten sind:
1. Arbeitsräume in Gebäuden einschließlich Ausbildungsstätten,
2. Arbeitsplätze auf dem Betriebsgelände im Freien,
3. Baustellen,
4. Verkaufsstände im Freien, die im Zusammenhang mit Ladengeschäften stehen,
5. Wasserfahrzeuge und schwimmende Anlagen auf Binnengewässern.

Begriffe
Räume 3.4

(2) Zur Arbeitsstätte gehören:
1. Verkehrswege,
2. Lager-, Maschinen- und Nebenräume,
3. Pausen-, Bereitschafts-, Liegeräume und Räume für körperliche Ausgleichsübungen,
4. Umkleide-, Wasch- und Toilettenräume (Sanitärräume),
5. Sanitätsräume.

Verkaufsstellen
VBG 118

Verkaufsstellen umfassen die Verkaufsräume (Laden) und die dazugehörigen Neben- und Lagerräume.
Diese Unfallverhütungsvorschrift gilt für Verkaufsstellen ohne Rücksicht auf ihre Größe.

Bauwerksteile 3.5

Notwendige Fenster
MBO § 44

(2) Aufenthaltsräume müssen unmittelbar ins Freie führende und senkrecht stehende Fenster von solcher Zahl und Beschaffenheit haben, daß die Räume ausreichend Tageslicht erhalten und belüftet werden können (notwendige Fenster) ...
Geneigte Fenster sowie Oberlichte anstelle von Fenstern können gestattet werden, wenn wegen des Brandschutzes Bedenken nicht bestehen.

Notwendige Treppen
MBO § 31

(1) Jedes nicht zu ebener Erde liegende Geschoß und der benutzbare Dachraum eines Gebäudes müssen über mindestens eine Treppe zugänglich sein (notwendige Treppe); weitere Treppen können gefordert werden, wenn die Rettung von Menschen im Brandfall nicht auf andere Weise möglich ist. Statt notwendiger Treppen können Rampen mit flacher Neigung gestattet werden.

Notwendige Treppenräume
MBO § 32

(1) Jede notwendige Treppe muß in einem eigenen Treppenraum (notwendiger Treppenraum) liegen ...

Wohnungstrennwände
BauO NW § 30

(1) Trennwände sind herzustellen
1. zwischen Wohnungen sowie zwischen Wohnungen und anders genutzten Räumen,
2. zwischen sonstigen Nutzungseinheiten mit Aufenthaltsräumen sowie zwischen diesen Nutzungseinheiten und anders genutzten Räumen.

Gebäudeabschlußwände
BauO NW § 31

(1) Gebäudeabschlußwände sind herzustellen
1. bei Gebäuden, die weniger als 2,50 m von der Nachbargrenze entfernt errichtet werden,
2. bei aneinandergereihten Gebäuden auf demselben Grundstück,
3. bei Wohngebäuden und angebauten landwirtschaftlichen Betriebsgebäuden auf demselben Grundstück, wenn der umbaute Raum des Betriebsgebäudes größer als 2000 m³ ist.
(2) Anstelle einzelner Gebäudeabschlußwände ist eine gemeinsame Gebäudeabschlußwand zulässig.

Gebäudetrennwände
BauO NW § 32

(1) Ausgedehnte Gebäude sind durch Gebäudetrennwände in höchstens 40 m lange Gebäudeabschnitte (Brandabschnitte) zu unterteilen. Größere Abstände können gestattet werden, wenn die Nutzung des Gebäudes es erfordert und wenn wegen des Brandschutzes Bedenken nicht bestehen.

Tragende Wände
DIN 1053 T1

Tragende Wände sind überwiegend auf Druck beanspruchte, scheibenartige Bauteile zur Aufnahme vertikaler Lasten, z.B. Deckenlasten, sowie horizontaler Lasten, z.B. Windlasten.

Aussteifende Wände
DIN 1053 T1

Aussteifende Wände sind scheibenartige Bauteile zur Aussteifung des Gebäudes oder zur Knickaussteifung tragender Wände. Sie gelten stets auch als tragende Wände.

Nichttragende Wände
DIN 1053 T1

Nichttragende Wände sind scheibenartige Bauteile, die überwiegend nur durch ihr Eigengewicht beansprucht werden und auch nicht zum Nachweis der Gebäudeaussteifung oder der Knickaussteifung tragender Wände dienen.

Begriffe

Bauwerksteile 3.5

Leichte Trennwände
DIN 4103 T1

Nichttragende, innere Wände sind Bauteile im Innern einer baulichen Anlage, die nur der Raumtrennung dienen und nicht zur Gebäudeaussteifung herangezogen werden.

Brandsicherheit 3.6

Brandwände

Brandwände sind Wände zur Trennung oder Abgrenzung von Bauabschnitten (Brandabschnitte). Sie sind dazu bestimmt, die Ausbreitung von Feuer auf andere Gebäude oder Gebäudeabschnitte zu verhindern.

Baustoffklassen
DIN 4102 T1, T4

Baustoffe werden nach ihrem Brandverhalten in folgende Klassen eingeteilt:

Baustoffklasse A: nichtbrennbare Bauteile
- Baustoffklasse A1: z.B. Sand, Kies, Lehm, Ton, Mineralien, Erden, Bims, Zement, Kalk, Gips, Mörtel, Beton, Steine, Glas, Keramik, Metalle usw.
- Baustoffklasse A2: z.B. Brandschutzplatten, ein besonderer Nachweis ist nicht erforderlich.

Baustoffklasse B: brennbare Baustoffe
- Baustoffklasse B1: *schwerentflammbare* Baustoffe,
  z.B. Holzwoll-Leichtbauplatten, Gipskartonplatten, Parkett usw.
- Baustoffklasse B2: *normalentflammbare* Baustoffe,
  z.B. Holz, PVC-Bauteile, Asphalt, Dachpappen usw.
- Baustoffklasse B3: *leichtentflammbare* Baustoffe,
  z.B. Rieddächer.

Feuerwiderstandsklassen
DIN 4102 T1, T4

Das Brandverhalten von Baustoffen wird durch ihre Feuerwiderstandsdauer gekennzeichnet.

Feuerwiderstandsklasse	Feuerwiderstandsdauer (in Minuten)
z.B. F 30	≥ 30
z.B. F 60	≥ 60
z.B. F 90	≥ 90
z.B. F 120	≥ 120
z.B. F 180	≥ 180

Im allgemeinen bezeichnet man die Feuerwiderstandsklassen ...30 und ...60 als *feuerhemmend*, die Feuerwiderstandsklassen ...90 bis ...180 als *feuerbeständig*.

Es werden folgende Klassen unterschieden:

Feuerwiderstandsklasse **F**:	Allgemeine Bauteile
Feuerwiderstandsklasse **W**:	Nichttragende Außenwände
Feuerwiderstandsklasse **T**:	Feuerschutzabschlüsse
Feuerwiderstandsklasse **F** und **G**:	Brandschutzverglasungen
Feuerwiderstandsklasse **L** und **K**:	Lüftungsleitungen

Baugenehmigung

Zulässigkeit von Vorhaben innerhalb der im Zusammenhang bebauten Ortsteile
BauGB § 34

das Bauvorhaben soll sich einfügen

(1) Wenn ein Bebauungsplan im Sinne von § 33 BauGB vorliegt, ist ein Vorhaben zulässig, wenn:
- Art und Nutzung entsprechend ist,
- die Bauweise eingehalten wird,
- die Grundstücksfläche, die überbaut werden soll, eingehalten wird,
- es sich der Eigenart der näheren Umgebung einfügt,
- die Erschließung gesichert ist.

(4) Die Gemeinde kann durch Satzung:
- die Grenzen für im Zusammenhang bebaute Ortsteile festlegen,
- bebaute Bereiche im Außenbereich festlegen,
- einzelne Außenbereichsgrundstücke zur Abrundung der Gebiete einbeziehen.

Zulässigkeit von Bauvorhaben im Außenbereich
BauGB § 35

(1) Im Außenbereich sind Vorhaben zulässig, wenn:
- öffentliche Belange nicht entgegenstehen,
- die Erschließung gesichert ist,
- Art und Nutzung dem § 35 BauGB entsprechen.

Gestaltung
MBO § 12

(1) Bauliche Anlagen müssen nach Form, Maßstab, Verhältnis der Baumassen und Bauteile zueinander, Werkstoff und Farbe so gestaltet sein, daß sie nicht verunstaltet wirken.

(2) Bauliche Anlagen sind mit ihrer Umgebung derartig in Einklang zu bringen, daß sie das Straßenbild, Ortsbild oder Landschaftsbild nicht verunstalten oder deren beabsichtigte Gestaltung nicht stören. Auf die erhaltenswerten Eigenarten der Umgebung ist Rücksicht zu nehmen.

Örtliche Bauvorschriften
MBO § 82

(1) Die Gemeinden können örtliche Bauvorschriften erlassen über:
1. die äußere Gestaltung baulicher Anlagen ...;
2. besondere Anforderungen an bauliche Anlagen ...;
3. die Lage, Größe, Beschaffenheit ... von Kinderspielplätzen;
4. die Gestaltung der Gemeinschaftsanlagen ...;
5. ... zur Wahrung der bauhistorischen Bedeutung oder der sonstigen erhaltenswerten Eigenart eines Ortsteiles; ...;
6. die Begrünung baulicher Anlagen;
7. ... Abstellplätze für Fahrräder ...

(4) Örtliche Bauvorschriften können auch durch Bebauungsplan nach den Vorschriften des Bundesbaugesetzes erlassen werden...

Genehmigungsbedürftige Vorhaben
MBO § 61

(1) Die Errichtung, die Änderung, die Nutzungsänderung und der Abbruch baulicher Anlagen sowie ... bedürfen der Baugenehmigung...

Vereinfachtes Baugenehmigungsverfahren
MBO § 61a

(1) Im vereinfachten Baugenehmigungsverfahren werden
1. Wohngebäude geringer Höhe,
2. eingeschossige Gebäude, auch mit Aufenthaltsräumen, bis 200 m² Fläche,
3. landwirtschaftliche Betriebsgebäude, auch mit Wohnteil, bis 250 m² Fläche und mit nicht mehr als 2 oberirdischen Geschossen,
4. Gebäude ohne Aufenthaltsräume bis 100 m² und mit nicht mehr als 2 oberirdischen Geschossen

nur nach Absätzen 2 bis 6 geprüft und überwacht.

(2) Im vereinfachten Verfahren werden nicht geprüft:
– Nachweise über Standsicherheit, Schall- und Wärmeschutz,
– Einhaltung der Festsetzungen im Bebauungsplan.

(4) Die Nachweise müssen durch sachkundige Personen aufgestellt werden.

(6) Die Bauvorlagen sind spätestens vor Baubeginn einzureichen.

Genehmigungsfreie Baumaßnahmen
MBO § 62

(5) Genehmigungsfreie Baumaßnahmen müssen ebenso wie genehmigungsbedürftige den öffentlich-rechtlichen Vorschriften entsprechen.
(Für Außenbereiche gelten besondere Vorschriften, in der Regel nur für die Landwirtschaft.)

Baugenehmigung

Genehmigungsfreie Baumaßnahmen

BauO	Errichtung und Änderung baulicher Anlagen überdacht	Errichtung und Änderung baulicher Anlagen nicht überdacht	Ein- und Umbauten, Nutzungsänderung	Sonstige	Abbruch
Musterbauordnung MBO § 62 und Anhang zu § 62	1) Gebäude ≤ 15 m³, im Außenbereich ≤ 6 m³, ohne Aufenthaltsräume, Toiletten und Feuerstätten, jedoch nicht Verkaufs- und Ausstellungsstände, 2) Gebäude für Land- oder Forstwirtschaft ≤ 70 m² Fläche und ≤ 4 m Höhe, für vorübergehenden Schutz von Tieren oder Ernteerzeugnissen, 3) Gewächshäuser ≤ 15 m³, im Außenbereich max. 50 m von Gebäuden mit Aufenthaltsräumen entfernt, 4) Gewächshäuser für Landwirtschaft ≤ 70 m² Grundfläche und ≤ 4 m Höhe, 5) Wochenendhäuser auf Wochenendplätzen, 6) Gartenlauben in Dauerkleingartenanlagen nach dem Bundeskleingartengesetz, 7) Fahrgastunterstände, für ÖPNV oder Schülerbeförderung, 8) Schutzhütten für Wanderer, 9) luftgetragene Schwimmbeckenüberdachungen ≤ 100 m² Fläche, außer im Außenbereich	1) Stützmauern ≤ 2 m Höhe, 2) Einfriedungen ≤ 2 m Höhe, im Außenbereich max. 50 m von Gebäuden mit Aufenthaltsräumen entfernt, 3) Wasserbecken ≤ 100 m³, im Außenbereich max. 50 m von Gebäuden mit Aufenthaltsräumen entfernt, 4) bauliche Anlagen für Garten-, Spiel- und Sportanlagen, wie Pergolen, Sitzgruppen, Schaukeln, Klettergerüste, Tore u.a., 5) Aufschüttungen oder Abgrabungen ≤ 3 m Höhe oder Tiefe, im Außenbereich ≤ 300 m² Fläche, 6) Stellplätze bis 50 m² Fläche je Grundstück, ausgenommen notwendige Stellplätze, 7) Fahrradabstellanlagen	1) a) geringfügige und Standsicherheit nicht berührende Änderung tragender oder aussteifender Bauteile innerhalb von Gebäuden, b) die nicht geringfügige Änderung dieser Bauteile, wenn ein Sachkundiger dem Bauherrn die Ungefährlichkeit der Baumaßnahme schriftlich bescheinigt, c) nichttragende Wände, an die keine Brandschutzanforderungen gestellt werden, 2) Änderung der äußeren Gestaltung, wie Öffnungen für Fenster und Türen, Außenwandverkleidungen, bei Einhaltung von Ortssatzungen, 3) a) Versorgungsanlagen der Haustechnik und deren Leitungen, die nicht durch feuerbeständige Decken oder Wände oder durch Brandwände geführt werden, b) Kleinkläranlagen ≤ 8 m³ Abwasser/Tag, 4) a) Feuerungsanlagen sowie vorhandene Schornsteine, nur mit Genehmigung des Bezirksschornsteinfegermeisters, b) Blockheizkraftwerke in Gebäuden und Wärmepumpen, c) Solarenergieanlagen und Sonnenkollektoren in und an Dach- oder Außenwandflächen, 5) Nutzungsänderungen, wenn für die neue Nutzung keine weiterführenden Anforderungen gelten, 6) Umnutzung von Räumen in Aufenthaltsräume in Wohngebäuden ≤ zwei Wohnungen, 7) Umnutzung von Räumen in Bäder und Toiletten in Wohngebäuden	1) Instandhaltungsarbeiten, 2) a) Antennen ≤ 10 m Höhe, b) Parabolantennen Ø nach Landesrecht, 3) Behälter für Flüssiggas ≤ 3 t, 4) Werbeanlagen ≤ 0,5 m² Ansichtsfläche, Warenautomaten, 5) Denkmäler ≤ 4 m Höhe, 6) vorübergehend aufgestellte oder genutzte Anlagen, wie Baustelleneinrichtungen, Einrichtungen für Straßenfeste u.a., 7) Brunnen, 8) unbedeutende bauliche Anlagen	1) Gebäude ≤ 300 m³, 2) Gebäude für Land- oder Forstwirtschaft ≤ 150 m² Fläche, 3) genehmigungsfreie bauliche Anlagen

Baugenehmigung

Genehmigungsfreie Baumaßnahmen

BauO	Errichtung und Änderung baulicher Anlagen überdacht	Errichtung und Änderung baulicher Anlagen nicht überdacht	Ein- und Umbauten, Nutzungsänderung	Sonstige	Abbruch
Baden-Württemberg LBO BW § 50 und Anhang zu § 50	• wie 1), jedoch Gebäude ≤ 40 m³, im Außenbereich ≤ 20 m³, • wie 2), jedoch ohne Aufenthaltsräume, Toiletten oder Feuerstätten und ≤ 5 m Höhe, • Gewächshäuser ≤ 4 m Höhe, im Außenbereich nur für Landwirtschaft, • wie 5), • wie 6), • wie 7), • wie 8), • wie 9), • Vorbauten ohne Aufenthaltsräume ≤ 40 m³, • Terrassenüberdachungen ≤ 30 m² Fläche, • Balkonverglasungen sowie Balkonüberdachungen ≤ 30 m² Fläche	• wie 1), • wie 2), jedoch ohne Größenangabe, nicht im Außenbereich, • wie 3), nicht im Außenbereich, • wie 4), • wie 5), • wie 6), • wie 7)	• tragende und nichttragende Bauteile wie Wände, Decken, Stützen, Treppen, ausgenommen Außenwände, in Wohnungen und Wohngebäuden, • wie 1) c), • wie 2), • wie 3) a), • wie 3) b), jedoch ohne Größenangabe, • wie 4) a), b), c), • Windenergieanlagen ≤ 10 m Höhe, • wie 5), • wie 6)	• wie 1), • wie 2) a), • wie 3), • wie 4), • wie 5), jedoch ohne Höhenangabe, • wie 6), • wie 7), • wie 8)	• wie 1), ausgenommen notwendige Garagen, • land- oder forstwirtschaftliche Schuppen ≤ 5 m Höhe, • wie 3), • bauliche Anlagen, die keine Gebäude sind, ausgenommen notwendige Stellplätze
Bayern BayBO Art. 69, 71 und 72	• wie 1), jedoch Gebäude ≤ 50 m³, ausgenommen Garagen, nicht im Außenbereich, • wie 2), jedoch nur eingeschossig, ohne Feuerstätten, nicht unterkellert, ≤ 120 m² Gesamtüberdachung, • wie 4), jedoch ohne Flächenangabe, • wie 5), • wie 7), jedoch ≤ 20 m² Fläche, • Hauseingangsüberdachungen ≤ 4 m² Fläche, • Garagen und überdachte Stellplätze, im Sinne des Art. 7 Abs. 4 (Abstandsflächen), nicht im Außenbereich, • Garagen und überdachte Stellplätze für Wohngebäude geringer Höhe, innerhalb eines Bebauungsplans	• Mauern und Einfriedungen ≤ 1,5 m, bei Einhaltung von Ortssatzungen und Denkmalschutz, im Einmündungsbereich öffentlicher Verkehrsflächen ≤ 1 m, nicht im Außenbereich, • wie 3), nicht im Außenbereich, • wie 4), • wie 5), jedoch ≤ 2 m Höhe oder Tiefe und ≤ 300 m² Fläche	• wie 1) a), jedoch nicht für Baudenkmäler oder in deren Umgebung, • wie 2), auch vor Fertigstellung, jedoch nicht für Baudenkmäler oder in deren Umgebung, • wie 3) a) und b), • wie 4) a), • Wärmepumpen, • wie 4) c), bei Einhaltung von Ortssatzungen, jedoch nicht für Baudenkmäler oder in deren Umgebung, • wie 5), • Dachausbauten incl. Einbau von Dachgauben innerhalb eines Bebauungsplans oder einer örtlichen Bauvorschrift	• wie 1), • wie 2) a), • wie 3), • wie 4), jedoch ≤ 0,6 m² Fläche, • wie 5), jedoch ≤ 3 m Höhe, • wie 6), • wie 7), • wie 8), auch Bienenfreistände ≤ 5 m³, Taubenhäuser, • Regale ≤ 7,5 m Höhe	• wie 1), • wie 2), • wie 3), • ortsfeste Behälter, • Feuerstätten, • Werbeanlagen, • Gewächshäuser, • luftgetragene Überdachungen, • Regale, • Mauern und Einfriedungen, • Schwimmbecken, • Stellplätze für Kraftfahrzeuge, Lager- und Abstellplätze, Zeltlagerplätze, Campingplätze und Lagerplätze für Wohnwagen, • Masten, Unterstützungen und Antennen, • Wasserversorgungsanlagen und Brunnen, • Fahrgastunterstände

Baugenehmigung

Genehmigungsfreie Baumaßnahmen

BauO	Errichtung und Änderung baulicher Anlagen überdacht	nicht überdacht	Ein- und Umbauten, Nutzungsänderung	Sonstige	Abbruch
Berlin **BauO Bln** § 56	• wie 1), jedoch Gebäude ≤ 30 m³, ausgenommen Garagen, nicht im Außenbereich, • wie 2), jedoch ohne Flächenangabe, • wie 3), keine Angabe über Außenbereich, • wie 4), jedoch ohne Flächenangabe, • wie 5), jedoch ≤ 40 m² Fläche und ≤ 4 m Höhe, • wie 9), • untergeordnete Gebäude wie Kioske, Verkaufswagen, Wartehallen und Toiletten auf öffentlichen Verkehrsflächen	• wie 1), • wie 2), • wie 3), • wie 4), • wie 5), • wie 7)	• wie 1) a) und c), • wie 2), • wie 3), • wie 4) a), jedoch ≤ 300 kW, Wärmepumpen, • wie 4) c), • wie 5), • wie 6), • wie 7)	• wie 1), • wie 2) a), • wie 2) b) Ø ≤ 1,20 m, • wie 3), jedoch ≤ 1 m³, • wie 4), jedoch ≤ 0,6 m² Fläche, • wie 5), • wie 6), • wie 8), • Regale ≤ 5 m Höhe	• wie 1), jedoch ≤ 500 m³, • wie 3), • ortsfeste Behälter ≤ 300 m³, • Feuerungsanlagen
Brandenburg **Bbg BO** § 67	• wie 1), jedoch Gebäude ≤ 50 m³, ausgenommen Garagen und Ställe, nicht im Außenbereich, • wie 2), jedoch ohne Feuerstätten, nicht unterkellert, • wie 3), jedoch ≤ 50 m³, nicht im Außenbereich, • wie 5), jedoch ≤ 40 m² Fläche und ≤ 4 m Höhe, • wie 6), jedoch ≤ 24 m² Fläche incl. Freisitz, • wie 7), • wie 8), • wie 9), • Hauseingangsüberdachungen ≤ 4 m² Dachfläche, • oberirdische Garagen und überdeckte Stellplätze ≤ 50 m² Fläche, innerhalb eines Bebauungsplans	• wie 1), jedoch ≤ 1,5 m Höhe, nicht im Außenbereich, • Einfriedungen nach Ortssatzung, offene Einfriedungen ≤ 2 m Höhe, geschlossene ≤ 1,50 m Höhe, nicht im Außenbereich, • wie 3), als Nebenanlage zu Wohngebäuden, jedoch nicht im Außenbereich, ausgenommen Camping- und Wochenendplätze, • wie 4), • wie 5), jedoch ≤ 200 m² Fläche und ≤ 1,5 m Höhe oder Tiefe, nichtanschließend an bauliche Anlagen, • wie 6), jedoch ≤ 200 m² Fläche, nicht im Außenbereich, • wie 7)	• wie 1) c), • wie 2), • wie 3) a), • wie 4) a), jedoch ≤ 300 kW, • wie 4) b), • wie 4) c), • wie 5)	• wie 1), • wie 2) a), • wie 2) b) Ø ≤ 1,20 m, • wie 3), jedoch ≤ 5 m³, • wie 4), jedoch ≤ 1 m² Fläche, Warenautomaten ≤ 0,25 m² Fläche und ≤ 1 m Höhe, • wie 5), jedoch ≤ 3 m Höhe, • wie 6), • wie 7), jedoch Förderleistung ≤ 3 m³/Tag, • wie 8), • Regale ≤ 8 m Höhe	• wie 1), jedoch ≤ 500 m³, • wie 3), • ortsfeste Behälter ≤ 300 m³, nicht für wassergefährdende Stoffe, • Feuerstätten, sofern diese ohne gesundheitsgefährdende Baustoffe errichtet worden sind

Baugenehmigung

Genehmigungsfreie Baumaßnahmen

BauO	Errichtung und Änderung baulicher Anlagen überdacht	nicht überdacht	Ein- und Umbauten, Nutzungsänderung	Sonstige	Abbruch
Bremen BremLBO § 65 und Anhang zu § 65	• wie 1), jedoch Gebäude ≤ 30 m³, ausgenommen Garagen, • wie 2), jedoch ohne Feuerstätten, • wie 3), • wie 4), jedoch ohne Flächenangabe, • wie 5), • wie 7), • wie 8), • wie 9), • eingeschossige Eingangsvorbauten ohne Feuerstätten, ≤ 1,5 m x 2,0 m Fläche, • eingeschossige Veranden, Wintergärten ≤ 2,5 m Tiefe, • Terrassenüberdachungen ≤ 3 m Tiefe, • eine Doppel- oder zwei Einzelgaragen je Grundstück, die keine notwendigen Stellplätze enthalten	• wie 1), jedoch nicht im Außenbereich, • wie 2), • wie 3), • wie 4), • wie 5), • wie 6), • wie 7), jedoch nicht notwendige Fahrradabstellplätze	• wie 1) a), • wie 1) c), incl. Decken, Treppen und Lifte für Behinderte, • wie 2), jedoch nicht für Kulturdenkmäler und in deren Umgebung, • wie 3) a) und b), • wie 4) a), • Wärmepumpen, • wie 4) c), jedoch nicht an Kulturdenkmälern und in deren Umgebung, • wie 6), jedoch Fußböden ≤ 7 m über Geländeoberfläche, nicht im Außenbereich, • wie 7)	• wie 1), bei Kulturdenkmälern nur ohne Änderung der äußeren Gestaltung, • wie 2) a), • wie 2) b) Ø ≤ 1,20 m, • wie 3), jedoch ≤ 0,3 m³, • wie 4), • wie 5), • wie 6), • wie 7), • Regale ≤ 12 m Höhe in Gewerbegebieten	• wie 1), jedoch keine Kulturdenkmäler oder in deren Umgebung, • wie 2), • wie 3), • ortsfeste Behälter ≤ 300 m³
Hessen HBO § 63	• wie 1), jedoch Gebäude ≤ 30 m³, ausgenommen Garagen und Gebäude in der Umgebung von Kulturdenkmälern, keine Angabe über Außenbereich, • wie 2), jedoch ohne Flächenangabe, • wie 4), jedoch ohne Flächenangabe, • wie 5), • wie 6)	• wie 1), jedoch ≤ 1,50 m Höhe, • wie 2), jedoch ≤ 1,50 m Höhe, ausgenommen Kulturdenkmäler oder in deren Umgebung, • wie 3), jedoch ≤ 1,50 m Tiefe, keine Angabe über Außenbereich, • wie 4), • wie 5), jedoch ≤ 2 m Höhe oder Tiefe und ≤ 30 m² Fläche, • wie 7)	• nichttragende und nichtaussteifende Bauteile ohne Anforderungen an Brand-, Wärme- und Schallschutz, ausgenommen Kulturdenkmäler, • wie 2), jedoch nicht für Kulturdenkmäler, • wie 3) a), • wie 4) a), jedoch ≤ 50 kW, • Wärmepumpen ≤ 20 kW, • wie 4) c), jedoch nicht an Kulturdenkmälern oder in deren Umgebung, • wie 5), • Dachausbauten in Gebäuden der Gebäudeklassen A, B und D	• wie 1), • wie 2) a), jedoch ≤ 5 m, • wie 2) b) Ø ≤ 1,20 m und ≤ 5 m Höhe, jedoch nicht an Kulturdenkmälern oder in deren Umgebung, • wie 3), • wie 4), jedoch ≤ 0,6 m², • wie 5), jedoch ≤ 3 m Höhe, nicht in der Umgebung von Kulturdenkmälern, • Baustelleneinrichtungen, • wie 8), • Bühnenaufbauten und technische Bühneneinrichtungen in Theaterbauten und anderen Veranstaltungsräumen oder -hallen	• wie 3), jedoch keine Kulturdenkmäler oder in deren Umgebung, • Behälter ≤ 150 m³
Hamburg HBauO § 61	Der Senat kann durch Rechtsverordnung die Freistellung von der Genehmigungsbedürftigkeit bestimmen.				

Baugenehmigung

Genehmigungsfreie Baumaßnahmen

BauO	Errichtung und Änderung baulicher Anlagen überdacht	nicht überdacht	Ein- und Umbauten, Nutzungsänderung	Sonstige	Abbruch
Mecklenburg-Vorpommern LBauO M-V § 65	• wie 1), jedoch für den Außenbereich keine Angabe, • wie 2), jedoch ≤ 250 m² Fläche und ≤ 4,5 m Höhe, • wie 3), jedoch ≤ 20 m² Fläche und ≤ 2,5 m Höhe, • wie 4), jedoch ≤ 250 m² Fläche und ≤ 4 m Höhe, • wie 6), • wie 7), • wie 8), • wie 9), jedoch für den Außenbereich keine Angabe	• wie 1), • wie 2), • wie 3), • wie 4), • wie 5), • wie 6), • wie 7)	• wie 1) a) und c), • wie 2), • wie 3) a) und b), • wie 4) a), jedoch ≤ 200 kW, ausgenommen Schornsteine außerhalb von Gebäuden, • wie 4) b) und c), • wie 5), • wie 6), • wie 7)	• wie 1), • wie 2) a), • wie 2) b) Ø ≤ 1,20 m, • wie 3), • wie 4), • wie 5), • wie 6), • wie 7), • wie 8)	• wie 1), jedoch keine notwendigen Garagen, • wie 2), • wie 3), • ortsfeste Behälter ≤ 300 m³, • Feuerstätten
Niedersachsen NBauO § 69 und Anhang I	• wie 1), • wie 2), jedoch ohne Feuerstätten, • wie 3), • wie 4), jedoch ohne Flächenangabe, • wie 6), • wie 7), jedoch ≤ 20 m² Fläche, • wie 8), • wie 9)	• wie 1), jedoch ≤ 1,5 m Höhe, • wie 2), jedoch ≤ 1,8 m Höhe, • wie 3), • wie 4), • wie 5), jedoch nicht zur Herstellung von Teichen, • wie 6), • wie 7), ausgenommen notwendige Fahrradabstellanlagen	• Wände, Decken, Stützen, Treppen, ausgenommen Außenwände, in Wohnungen und Wohngebäuden, jedoch nicht in Hochhäusern, • wie 1) c), incl. Decken, • wie 2), jedoch nicht bei Fachwerkhäusern, • wie 3) a) und b), • wie 4) a), b) und c), • wie 5), • Umnutzung von Räumen im Dachgeschoß in Aufenthaltsräume in Wohngebäuden mit einer Wohnung, • wie 7)	• wie 1), • wie 2) a), • wie 3), • Behälter für Regenwasser ≤ 50 m³, • wie 4), jedoch ≤ 1 m² Fläche, • wie 5), jedoch ≤ 3 m Höhe, • wie 6), • wie 7), • Regale, insbesondere Hochregale	• Gebäude, ausgenommen Hochhäuser, • wie 3), • bauliche Anlagen, die keine Gebäude sind
Nordrhein-Westfalen BauO NW § 65, § 66	• wie 1), jedoch Gebäude ≤ 30 m³, ohne Ställe, im Außenbereich nur für Land- und Forstwirtschaft, ausgenommen Garagen, • wie 2), jedoch ohne Flächenangabe, • wie 4), jedoch ohne Flächenangabe, ohne Verkaufsstätten, • wie 5), • wie 6), • wie 7), • wie 8)	• wie 1), • wie 2), an öffentlichen Verkehrsflächen ≤ 1 m Höhe, im Außenbereich nur an bebaubaren Grundstücken, • wie 3), • wie 4), • wie 5), jedoch ≤ 2 m Höhe oder Tiefe, im Außenbereich ≤ 400 m² Fläche, • Stellplätze ≤ 100 m² Fläche, • wie 7), jedoch ≤ 100 m² Fläche, auch überdacht	• wie 1) a) und b), • nichttragende oder nichtaussteifende Bauteile innerhalb baulicher Anlagen, nicht im Zuge von Rettungswegen, • wie 2), • wie 3) a), die keine Gebäudetrennwände und, außer in Gebäuden geringer Höhe, keine Geschosse überbrücken, • wie 3) b), jedoch ohne Größenangabe, • Feuerungsanlagen, • Wärmepumpen, • wie 4) c), • wie 5)	• wie 1), • wie 2) a), • wie 2) b) Ø ≤ 1,2 m, • wie 3), jedoch ≤ 5 m³, • wie 4), • wie 5), jedoch ohne Höhenangabe, • wie 6), • wie 7), • wie 8), auch Kleintierställe ≤ 5 m³, • Regale, ≤ 7,5 m Höhe	• wie 1), • wie 3), • ortsfeste Behälter ≤ 300 m³, • Mauern und Einfriedungen, • Schwimmbecken, • luftgetragene Überdachungen, • Stellplätze, • Lager- und Abstellplätze, • Camping- und Wochenendplätze, • Werbeanlagen und Warenautomaten, • Regale

Baugenehmigung 4

Genehmigungsfreie Baumaßnahmen

BauO	Errichtung und Änderung baulicher Anlagen überdacht	Errichtung und Änderung baulicher Anlagen nicht überdacht	Ein- und Umbauten, Nutzungsänderung	Sonstige	Abbruch
Rheinland-Pfalz **LBauO** § 61, § 65a	• wie 1), jedoch Gebäude ≤ 30 m³, im Außenbereich ≤ 10 m³, ausgenommen Kulturdenkmäler und Gebäude in deren Umgebung und in der Umgebung von Naturdenkmälern sowie Garagen, • wie 2), jedoch ≤ 50 m², ohne Unterkellerung und Feuerstätten, • wie 4), jedoch ohne Flächenangabe, • wie 5), • wie 6), • wie 7), • wie 9), • Anbauten ohne Feuerstätten ≤ 30 m³, wie Wintergärten und Terrassenüberdachungen bei Wohngebäuden der Gebäudeklasse 1 bis 3	• wie 1), • Einfriedungen nach Ortssatzung, sonst ≤ 2 m Höhe, im öffentlichen Verkehrsraum ≤ 1,5 m, ausgenommen im Außenbereich sowie in der Umgebung von Kultur- und Naturdenkmälern, • wie 3), ausgenommen im Außenbereich, • wie 4), • wie 5), jedoch ≤ 2 m Höhe oder Tiefe und ≤ 30 m² Fläche, ausgenommen im Außenbereich und in Grabungsschutzgebieten, • wie 7)	• wie 1) a), ausgenommen Kulturdenkmäler, • wie 1) c), jedoch keine Kulturdenkmäler, • wie 2), nach Ortssatzung, nicht an Kulturdenkmälern oder in der Umgebung von Kultur- und Naturdenkmälern, • wie 3) a), jedoch nicht durch Brandabschnitte oder über mehrere Geschosse in Gebäuden der Gebäudeklasse 4, • wie 4) a), • Wärmepumpen, • wie 4) c), jedoch nicht an Kulturdenkmälern oder in der Umgebung von Kultur- und Naturdenkmälern, • wie 5), ausgenommen im Außenbereich, • Dachausbau in Gebäuden der Gebäudeklasse 1 bis 3	• wie 2) a), • wie 2) b), keine Ø-Angabe, nicht an Kulturdenkmälern oder in der Umgebung von Kultur- und Naturdenkmälern, • wie 3), • wie 4), • wie 5), jedoch ≤ 3 m Höhe, • wie 6), • wie 8), auch Kleintierställe ≤ 5 m³, • Regale und Hochregale ≤ 12 m Höhe	• wie 1), jedoch keine notwendigen Garagen, • wie 3), • ortsfeste Behälter ≤ 300 m³, • Feuerstätten
Saarland **LBO** § 65, § 66	• wie 1), jedoch Gebäude ≤ 30 m³, im Außenbereich ≤ 10 m³, ausgenommen Garagen, • wie 2), jedoch ohne Feuerstätten, ohne Flächenangabe, • wie 4), jedoch ohne Flächenangabe, • wie 6), jedoch ≤ 24 m² Fläche incl. Freisitz, • wie 7), • wie 9)	• wie 1), jedoch ≤ 1,5 m, • wie 2), an öffentlichen Verkehrsflächen ≤ 1 m, keine Angabe über Außenbereich, • wie 3), • wie 4), • wie 5), jedoch ≤ 2 m Höhe oder Tiefe, • Sichtblenden auf Terrassen und Balkonen ≤ 2 m Höhe	• nichttragende und nichtaussteifende Bauteile, außerhalb von Rettungswegen, • Treppen innerhalb von Wohnungen, • wie 2), jedoch ausgenommen Bau- und Kulturdenkmäler, • wie 3) a), jedoch nicht durch Brandabschnitte oder über mehrere Geschosse in Gebäuden ≥ 2 Vollgeschosse, • wie 3) b), • wie 4) a), Feuerstätten bis 50 kW, Gasfeuerstätten bis 90 kW, • wie 4) b), jedoch ≤ 50 kW, • wie 4) c), • gebäudeunabhängige Solaranlagen ≤ 3 m Höhe und ≤ 30 m Länge, ausgenommen im Außenbereich, • Windenergieanlagen ≤ 10 m Höhe, • wie 5), • Dachgeschoßausbau in Wohngebäuden bis Gebäudeklasse 3	• wie 2) a), • wie 2) b) Ø ≤ 1,2 m, • wie 3), • wie 4), • wie 5), • wie 6), • wie 8), • Regale ≤ 12 m Höhe	• wie 1), ausgenommen notwendige Garagen und Stellplätze, • wie 3), • ortsfeste Behälter ≤ 300 m³

Baugenehmigung

Genehmigungsfreie Baumaßnahmen

BauO	Errichtung und Änderung baulicher Anlagen überdacht	nicht überdacht	Ein- und Umbauten, Nutzungsänderung	Sonstige	Abbruch
Sachsen SächsBO § 63	• wie 1), • wie 2), jedoch ≤ 5 m Höhe, ohne Feuerstätten, ohne Unterkellerung, • wie 3), • wie 4), • wie 5), jedoch ≤ 40 m² Fläche und ≤ 3,5 m Höhe, • wie 6), • wie 7), jedoch ≤ 40 m² Fläche und ≤ 3 m Höhe, • wie 8), • wie 9), • eingeschossige Wintergärten ≤ 30 m² Fläche, mind. 3 m von Nachbargrenze entfernt	• wie 1), jedoch ≤ 1,8 m, nicht an öffentlichen Verkehrsflächen, • wie 2), jedoch ≤ 1,8 m, • wie 3), • wie 4), • wie 5), jedoch ≤ 2 m Höhe oder Tiefe, nicht an öffentlichen Verkehrsflächen, • Stellplätze ≤ 100 m² Fläche je Grundstück, Versiegelungsgrad max. 70 %, • wie 7)	• wie 1) a), b) und c), • wie 2), • wie 3) a), jedoch nicht durch feuerhemmende Wände und Decken, • wie 3) b), • wie 4) a), jedoch ≤ 50 kW, • wie 4) b) und c), • Windenergieanlagen ≤ 10 m Höhe, • wie 5), • wie 6), • wie 7), • Dachgeschoßausbau in Gebäuden geringer Höhe, wenn ein Sachkundiger die Ungefährlichkeit der Baumaßnahme schriftlich bescheinigt	• wie 1), • wie 2), • wie 3), • wie 4), • wie 5), • wie 6), • wie 8), auch Kleintierställe, • Regale ≤ 12 m Höhe	• wie 1), jedoch ohne notwendige Garagen, • wie 2), • wie 3), • ortsfeste Behälter ≤ 300 m³, • Feuerstätten, • Werbeanlagen und Warenautomaten
Sachsen-Anhalt BauO LSA § 67	• wie 1), jedoch Gebäude ≤ 30 m³, im Außenbereich nur für Land- und Forstwirtschaft, ausgenommen Garagen, • wie 2), jedoch ≤ 5 m Höhe, ohne Flächenangabe, • wie 3), jedoch ≤ 200 m² und ≤ 4 m Höhe, im Außenbereich ≤ 15 m³, • wie 4), jedoch ≤ 5 m Höhe, ohne Flächenangabe, • wie 5), • wie 6), • wie 7), • wie 8), • wie 9), keine Angabe über Außenbereich	• wie 1), • wie 2), • wie 3), • wie 4), • wie 5), • wie 6), • wie 7)	• wie 1) a), b) und c), • wie 2), • wie 3) a) und b), • wie 4) a), b) und c), • Windenergieanlagen ≤ 10 m Nabenhöhe, • wie 5), • wie 6), • wie 7), • Dachgeschoßausbau in Aufenthaltsräume in Gebäuden geringer Höhe nach Ortssatzung	• wie 1), • wie 2) a), • wie 2) b) Ø ≤ 1,2 m, • wie 3), • wie 4), • wie 5), • wie 6), • wie 7), • wie 8), • Regale ≤ 12 m Höhe	• wie 1), • wie 2), • wie 3), • bauliche Anlagen, die keine Gebäude sind
Schleswig-Holstein LBO § 69	• wie 1), jedoch Gebäude ≤ 30 m³, im Außenbereich ≤ 10 m³, ausgenommen Garagen, • wie 2), jedoch ohne Flächenangabe, • Gewächshäuser ≤ 4 m Höhe, • wie 6), • wie 7), • wie 9)	• wie 1), • wie 2), jedoch ≤ 1,5 m, • wie 3), • wie 4), • wie 5), jedoch ≤ 1000 m² oder ≤ 30 m³, keine Angabe über Außenbereich, • wie 7)	• nichttragende oder nichtaussteifende Bauteile innerhalb baulicher Anlagen, • wie 2), • wie 3) a), • wie 4) a) und b), • wie 4) c), jedoch nicht an Kulturdenkmälern und in deren Umgebung, • wie 5)	• wie 1), • wie 2) a), • wie 2) b) Ø ≤ 1,2 m, • wie 4), jedoch ≤ 0,6 m², • wie 5), • wie 6), • Regale, insbesondere Hochregale	• wie 1), jedoch ≤ 500 m³, • wie 3), • ortsfeste Behälter ≤ 300 m³, • Feuerstätten

Baugenehmigung

Genehmigungsfreie Baumaßnahmen

BauO	Errichtung und Änderung baulicher Anlagen überdacht	nicht überdacht	Ein- und Umbauten, Nutzungsänderung	Sonstige	Abbruch
Thüringen ThürBO § 62b, § 63	• wie 1), jedoch im Außenbereich nur für Land- und Forstwirtschaft ohne Flächenangabe, ausgenommen Garagen, • wie 2), jedoch ≤ 150 m² Fläche, ohne Feuerstätten, ohne Unterkellerung, • Gewächshäuser ≤ 20 m² Fläche und ≤ 4 m Höhe, nicht im Außenbereich, • wie 4), jedoch ohne Flächenangabe, • wie 6), • wie 7), • wie 8), • wie 9), • Hauseingangsüberdachungen ≤ 4 m² Fläche	• wie 1), jedoch ≤ 1,5 m Höhe, außerhalb öffentlicher Verkehrsflächen, • Einfriedungen nach Ortssatzung, sonst ≤ 1,5 m, nicht im Außenbereich, an öffentlichen Verkehrsflächen ≤ 1 m, • wie 3), • wie 4), • wie 5), jedoch ≤ 2 m Höhe oder Tiefe oder ≤ 30 m² Fläche, • wie 6), • wie 7)	• nichttragende und nichtaussteifende Bauteile, ohne Brandschutzanforderungen in fertiggestellten Gebäuden, • tragende Bauteile in Wohngebäuden ≤ 2 Wohnungen, • wie 2), • wie 3) a) und b), • wie 4) a), jedoch ≤ 50 kW, Gasfeuerungsanlagen ≤ 90 kW, • wie 4) b) und c), • wie 5), • wie 7), • einzelne Räume im Dachgeschoß	• wie 1), • wie 2) a), • wie 2) b) Ø ≤ 1,2 m, • wie 3), • wie 4), • wie 5), jedoch ≤ 3 m Höhe, • wie 6), • wie 7), • wie 8), auch Bienenfreistände und Kleintierställe ≤ 5 m³, • Regale ≤ 7,5 m Höhe	• wie 1), • wie 2), • wie 3), • ortsfeste Behälter ≤ 300 m³

Abstandflächen

Abstandflächen
MBO § 6

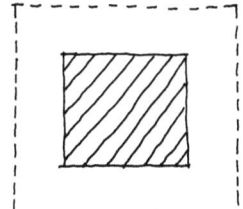

Abstandflächen sind von Gebäuden freizuhalten

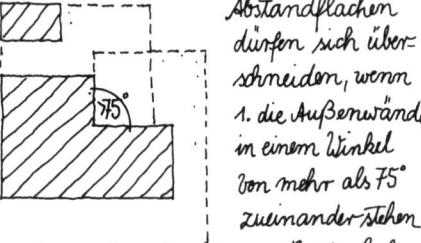

Abstandflächen sind nicht erforderlich, wenn
1. das Gebäude auf die Grenze gebaut werden muß
2. ... öffentlich-rechtlich gesichert ist, daß vom Nachbargrundstück angebaut wird. (Bebauungspläne usw)

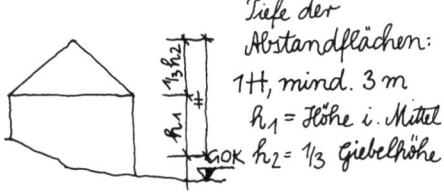

Abstandflächen dürfen sich überschneiden, wenn
1. die Außenwände in einem Winkel von mehr als 75° zueinander stehen
2. bei nicht einsehbarem Gartenhof
3. ...

Tiefe der Abstandflächen:
1H, mind. 3 m
h_1 = Höhe i. Mittel
h_2 = 1/3 Giebelhöhe

die Tiefe der Abstandfläche beträgt:
1 H im Normalfall
0,5 H in Kerngebieten
0,25 H in Gewerbe- und Industriegebieten
mind. 3 m in Sondergebieten

(1) Vor den Außenwänden von Gebäuden sind Flächen von oberirdischen Gebäuden freizuhalten (Abstandflächen).
Eine Abstandfläche ist nicht erforderlich vor Außenwänden, die an Nachbargrenzen errichtet werden, wenn nach planungsrechtlichen Vorschriften
1. das Gebäude an die Grenze gebaut werden muß oder
2. das Gebäude an die Grenze gebaut werden darf und öffentlich-rechtlich gesichert ist, daß vom Nachbargrundstück angebaut wird.
Darf nach planungsrechtlichen Vorschriften nicht an die Nachbargrenze gebaut werden, ist aber auf dem Nachbargrundstück ein Gebäude an der Grenze vorhanden, so kann gestattet oder verlangt werden, daß angebaut wird. Muß nach planungsrechtlichen Vorschriften an die Nachbargrenze gebaut werden, ist aber auf dem Nachbargrundstück ein Gebäude mit Abstand zu dieser Grenze vorhanden, so kann gestattet oder verlangt werden, daß eine Abstandfläche eingehalten wird.

(2) Die Abstandflächen müssen auf dem Grundstück selbst liegen. Die Abstandflächen dürfen auch auf öffentlichen Verkehrsflächen, öffentlichen Grünflächen und öffentlichen Wasserflächen liegen, jedoch nur bis zu deren Mitte.

(3) Die Abstandflächen dürfen sich nicht überdecken; dies gilt nicht für:
1. Außenwände, die in einem Winkel von mehr als 75° zueinander stehen,
2. Außenwände zu einem fremder Sicht entzogenen Gartenhof bei Wohngebäuden mit nicht mehr als zwei Wohnungen und
3. Gebäude und andere bauliche Anlagen, die in den Abstandflächen zulässig sind oder gestattet werden.

(4) Die Tiefe der Abstandflächen bemißt sich nach der Wandhöhe; sie wird senkrecht zur Wand gemessen. Als Wandhöhe gilt das Maß von der Geländeoberfläche bis zum Schnittpunkt der Wand mit der Dachhaut oder bis zum oberen Abschluß der Wand.
Die Höhe von Dächern sowie die Höhe von Giebelflächen im Bereich des Daches werden zu einem Drittel angerechnet. Das sich ergebende Maß ist H.

(5) Die Tiefe der Abstandflächen beträgt 1 H, mindestens 3 m. In Kerngebieten genügt eine Tiefe von 0,5 H, mindestens 3 m, in Gewerbe- und Industriegebieten eine Tiefe von 0,25 H, mindestens 3 m. In Sondergebieten können geringere Tiefen als nach Satz 1, jedoch nicht weniger als 3 m, gestattet werden, wenn die Nutzung des Sondergebietes dies rechtfertigt.

(6) Vor zwei Außenwänden von nicht mehr als je 16 m Länge genügt als Tiefe der Abstandfläche 0,5 H, mindestens 3 m.

Abstandflächen

MBO § 6 (Fortsetzung)

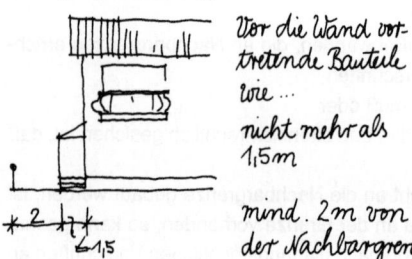

Vor die Wand vortretende Bauteile wie ... nicht mehr als 1,5 m

mind. 2 m von der Nachbargrenze

bei Brandgefahr nicht kleiner als 5 m

in Abstandflächen sind zulässig: Garagen bis zu 8 m Länge

Nachbargrenze

die Tiefe der Abstandflächen ist abhängig von den städtebaulichen Verhältnissen

Übernahme von Abständen und Abstandflächen auf Nachbargrundstücke
MBO § 7

(7) Vor die Außenwand vortretende Bauteile wie Gesimse, Dachvorsprünge, Blumenfenster, Hauseingangstreppen und deren Überdachungen und Vorbauten wie Erker und Balkone bleiben bei der Bemessung außer Betracht, wenn sie nicht mehr als 1,50 m vortreten. Von den Nachbargrenzen müssen sie mindestens 2 m entfernt bleiben.

(8) Unbeschadet der Absätze 5 und 6 darf die Tiefe der Abstandfläche 5 m nicht unterschreiten
1. bei Wänden aus brennbaren Baustoffen, die nicht mindestens feuerhemmend sind sowie
2. bei feuerhemmenden Wänden, deren Oberfläche aus normalentflammbaren Baustoffen besteht oder die überwiegend eine Verkleidung aus normalentflammbaren Baustoffen haben.
(nach 9) in Gewerbe- und Industriegebieten vor Wänden ohne Öffnungen genügen je nach Feuerwiderstandsklasse 1,50 m bzw. 3,0 m; jedoch nicht gegenüber Grundstücksgrenzen.

(11) In den Abstandflächen eines Gebäudes sowie ohne eigene Abstandflächen sind zulässig
1. Garagen einschließlich Abstellraum bis zu 8 m Länge je Nachbargrenze und einer mittleren Wandhöhe bis zu 3 m über der festgelegten Geländeoberfläche, wenn an die Nachbargrenze gebaut wird,
2. Stützmauern und geschlossene Einfriedungen bis zu einer Höhe von 1,8 m, in Gewerbe- und Industriegebieten ohne Begrenzung der Höhe.

(12) In überwiegend bebauten Gebieten können geringere Tiefen der Abstandflächen gestattet werden, wenn die Gestaltung des Straßenbildes oder besondere städtebauliche Verhältnisse dies erfordern und Gründe des Brandschutzes nicht entgegenstehen.

(nach 13) Ergeben sich durch zwingende Festsetzungen eines Bebauungsplanes geringere Tiefen der Abstandflächen, so gelten diese Tiefen.

(1) Soweit nach diesem Gesetz oder nach Vorschriften aufgrund dieses Gesetzes Abstände und Abstandflächen auf dem Grundstück selbst liegen müssen, kann gestattet werden, daß sie sich ganz oder teilweise auf andere Grundstücke erstrecken, wenn öffentlich-rechtlich gesichert ist, daß sie nicht überbaut und auf die auf diesen Grundstücken erforderlichen Abstände und Abstandflächen nicht angerechnet werden.

Anforderungen an Räume und Einrichtungen

Räume für Verkehrszonen

Eingänge, Ausgänge, Rettungswege

Zugänge und Zufahrten auf den Grundstücken
MBO § 5

der Fluchtweg muß gesichert sein

für die Feuerwehr muß:
- eine geradlinige Zufahrt zu rückwärtigen Gebäuden
- eine ausreichende Befestigung
- bei Gebäuden mit zum Anleitern bestimmter Stellen in über 8 m Höhe für die Rettungsgeräte (als 2. Rettungsweg) eine befahrbare Fläche
vorhanden sein

(1) Von öffentlichen Verkehrsflächen ist insbesondere für die Feuerwehr ein geradliniger Zu- oder Durchgang zu rückwärtigen Gebäuden zu schaffen; zu anderen Gebäuden ist er zu schaffen, wenn der zweite Rettungsweg dieser Gebäude über Rettungsgeräte der Feuerwehr führt. Der Zu- oder Durchgang muß mindestens 1,25 m breit sein und darf durch Einbauten nicht eingeengt werden; bei Türöffnungen und anderen geringfügigen Einengungen genügt eine lichte Breite von 1 m. Die lichte Höhe des Zu- oder Durchgangs muß mindestens 2 m betragen.

(2) Zu Gebäuden, bei denen die Oberkante der Brüstung notwendiger Fenster oder sonstiger zum Anleitern bestimmter Stellen mehr als 8 m über Gelände liegt, ist in den Fällen des Absatzes 1 anstelle eines Zu- oder Durchganges eine mindestens 3 m breite Zu- oder Durchfahrt zu schaffen. Die lichte Höhe der Zu- oder Durchfahrt muß senkrecht zur Fahrbahn gemessen mindestens 3,5 m betragen. Wände und Decken von Durchfahrten müssen feuerbeständig sein.

(3) Eine andere Verbindung als nach den Absätzen 1 oder 2 kann gestattet werden, wenn dadurch der Einsatz der Feuerwehr nicht behindert wird; sie kann verlangt werden, wenn der Einsatz der Feuerwehr es erfordert.

(4) Bei Gebäuden, die ganz oder mit Teilen mehr als 50 m von einer öffentlichen Verkehrsfläche entfernt sind, können Zufahrten oder Durchfahrten nach Absatz 2 zu den vor und hinter den Gebäuden gelegenen Grundstücksteilen verlangt werden.

(5) Bei Gebäuden, bei denen der zweite Rettungsweg über Rettungsgeräte der Feuerwehr führt und bei denen die Oberkante der Brüstungen notwendiger Fenster oder sonstiger zum Anleitern bestimmter Stellen mehr als 8 m über der Geländeoberfläche liegt, müssen diese Stellen für Feuerwehrfahrzeuge auf einer befahrbaren Fläche erreichbar sein. Diese Fläche muß einen Abstand von mindestens 3 m und höchstens 9 m, bei mehr als 18 m Brüstungshöhe einen Abstand von höchstens 6 m von der Außenwand haben; größere Abstände können gestattet werden, wenn Bedenken wegen des Brandschutzes nicht bestehen.

(6) Die Zufahrten und Durchfahrten nach Absatz 2 sowie die befahrbaren Flächen nach Absatz 5 dürfen nicht durch Einbauten eingeengt werden und sind ständig freizuhalten. Sie müssen für Feuerwehrfahrzeuge ausreichend befestigt und tragfähig sein. Die befahrbaren Flächen nach Absatz 5 müssen nach oben offen sein.

Rettungswege
MBO § 17

(4) Jede Nutzungseinheit mit Aufenthaltsräumen muß in jedem Geschoß über mindestens zwei voneinander unabhängige Rettungswege erreichbar sein. Der erste Rettungsweg muß in Nutzungseinheiten, die nicht zu ebener Erde liegen, über mindestens eine notwendige Treppe führen; der zweite Rettungsweg kann eine mit Rettungsgeräten der Feuerwehr erreichbare Stelle oder eine weitere notwendige Treppe sein.
Ein zweiter Rettungsweg ist nicht erforderlich, wenn die Rettung über einen Treppenraum möglich ist, in den Feuer und Rauch nicht eindringen können (Sicherheitstreppenraum).

Zugänge zu Wohnungen
MBO § 45

(1) Jede Wohnung muß von anderen Wohnungen und fremden Räumen baulich abgeschlossen sein und einen eigenen, abschließbaren Zugang unmittelbar vom Freien, von einem Treppenraum, einem Flur oder einem anderen Vorraum haben. Wohnungen in Wohngebäuden mit nicht mehr als zwei Wohnungen brauchen nicht abgeschlossen zu sein. Wohnungen in Gebäuden, die nicht nur zum Wohnen dienen, müssen einen besonderen Zugang haben; gemeinsame Zugänge können gestattet werden, wenn Gefahren oder unzumutbare Belästigungen für die Benutzer der Wohnungen nicht entstehen.

Eingänge in barrierefreie Wohnungen
MBO § 52

(4) Bauliche Anlagen und andere Anlagen und Einrichtungen nach den Absätzen 2 und 3 müssen mindestens durch einen Eingang stufenlos erreichbar sein. Der Eingang muß eine lichte Durchgangsbreite von mindestens 95 cm haben. Vor Türen muß eine ausreichende Bewegungsfläche vorhanden sein...

Anforderungen an Räume und Einrichtungen 6
Räume für Verkehrszonen 6.1

Eingänge, Ausgänge, Rettungswege 6.1.1

Eingänge in barrierefreie Wohnungen
DIN 18 025 T1

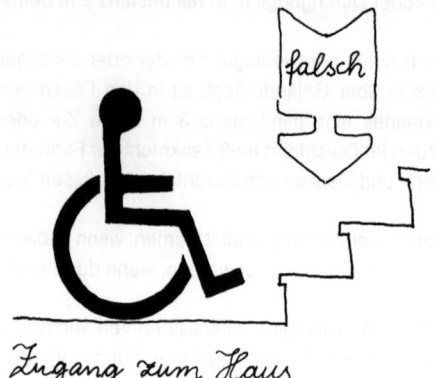

Zugang zur Wohnung — falsch

Zugang zum Haus

5.1 Alle zur Wohnung gehörenden Räume und die gemeinschaftlichen Einrichtungen der Wohnanlage müssen stufenlos, gegebenenfalls mit einem Aufzug oder einer Rampe, erreichbar sein.
Alle nicht rollstuhlgerechten Wohnungen innerhalb der Wohnanlage müssen zumindest durch den nachträglichen Ein- oder Anbau eines Aufzuges oder einer Rampe stufenlos erreichbar sein.

6.5 Für jeden Rollstuhlbenutzer ist ein Rollstuhlabstellplatz, vorzugsweise im Eingangsbereich des Hauses oder vor der Wohnung ... vorzusehen.
Der Rollstuhlabstellplatz muß mind. 190 cm x 150 cm groß sein.

Zugänge von Altenwohnungen
AWB NW

Der Zugang zum Haus muß barrierefrei sein.

Zugänge in Altenheimen, Altenwohnheimen und Pflegeheimen für Volljährige
HeimMindBauV § 9

(1) Wohn-, Schlaf- und Sanitärräume müssen im Notfall von außen zugänglich sein.

Gebäudezugänge in Altenheimen, Altenwohnheimen und Pflegeheimen für Volljährige
HeimMindBauV § 13

Die Eingangsebene der von den Bewohnern benutzten Gebäude einer Einrichtung soll von der öffentlichen Verkehrsfläche stufenlos erreichbar sein. Der Zugang muß beleuchtet sein.

Zugang in Tageseinrichtungen für Kinder
KitaRi NW

Die Gruppeneinheiten sollen einen direkten Zugang zur Außenspielfläche haben.

Zu- und Durchfahrten, Rettungswege in Schulen
BASchulR NW

2.2.3 Zufahrten und Durchgänge im Zuge von Rettungswegen müssen mind. 3 m breit sein und zusätzlich einen mind. 1 m breiten Gehsteig haben. Sind die Gehsteige von der Fahrbahn durch Pfeiler, Stützen oder Mauern getrennt, so muß die Fahrbahn mind. 3,5 m breit sein. Durchfahrten müssen eine lichte Höhe von mind. 3,5 m haben.

3.7.8 Die lichte Breite von Rettungswegen muß mind. 1 m je 150 darauf angewiesene Benutzer betragen. Folgende Mindestbreiten dürfen jedoch nicht unterschritten werden:
a) Flure in Unterrichtsbereichen 2 m
b) Flure in Unterrichtsbereichen, auf die weniger als 180 Benutzer angewiesen sind 1,25 m
c) Treppen in Unterrichtsbereichen 1,25 m
d) sonstige Rettungswege 1 m

3.11.3 Türen im Zuge von Rettungswegen dürfen nur in Fluchtrichtung aufschlagen...

Rettungswege in Gaststätten
GastBauVO NW § 9

(3) Bei der Berechnung der Breite des Rettungsweges ist 1 m je 150 darauf angewiesene Personen zugrunde zu legen.
Mindestbreiten für:
Gänge in Galerieen ≥ 0,80 m
Türen ≥ 0,90 m
Flure und alle übrigen Rettungswege ≥ 1,00 m

Anforderungen an Räume und Einrichtungen 6

Räume für Verkehrszonen 6.1

Eingänge, Ausgänge, Rettungswege 6.1.1

GastBauVO NW § 13

(1) Türen im Zuge von Rettungswegen müssen in Fluchtrichtung aufschlagen...

Ausgänge
MBO § 32

(2) Von jeder Stelle eines Aufenthaltsraumes sowie eines Kellergeschosses muß mindestens ein notwendiger Treppenraum oder ein Ausgang ins Freie in höchstens 35 m Entfernung erreichbar sein. Sind mehrere notwendige Treppenräume erforderlich, müssen sie so verteilt sein, daß die Rettungswege möglichst kurz sind.

Ausgänge aus Kellergeschossen
MBO § 32

(3) Übereinander liegende Kellergeschosse müssen jeweils mindestens zwei Ausgänge zu notwendigen Treppenräumen oder ins Freie haben.

Ausgänge aus notwendigen Treppenräumen
MBO § 32

(5) Jeder notwendige Treppenraum muß einen sicheren Ausgang ins Freie haben...

Ausgänge aus Gaststätten
GastBauVO NW § 10

(1) Gasträume, die zusammen mehr als 200 Gastplätze haben, und Gasträume in Kellergeschossen müssen mind. zwei, möglichst entgegengesetzt gelegene Ausgänge unmittelbar ins Freie, auf Flure oder Treppenräume haben. Einer der beiden Ausgänge darf auch durch andere Gasträume führen.

Ausgänge (Notausgänge) aus Arbeitsstätten
VBG 1 § 30

(1) Das schnelle und sichere Verlassen von Arbeitsplätzen und Räumen muß durch Anzahl, Lage, Bauart und Zustand von Rettungswegen und Ausgängen gewährleistet sein; erforderlichenfalls sind zusätzliche Notausgänge zu schaffen.

(2) Rettungswege und Notausgänge müssen ... auf möglichst kurzem Weg ins Freie oder in einen gesicherten Bereich führen...

(nach 3 und 4) Notausgänge müssen sich leicht öffnen lassen. Türen im Verlauf von Rettungswegen müssen ... in Fluchtrichtung aufschlagen.

ASR 10/1

2.1 In begehbaren Räumen müssen die Türen und Tore so angeordnet sein, daß von jeder Stelle des Raumes eine bestimmte Entfernung zum nächstgelegenen Ausgang nicht überschritten wird. Die in der Luftlinie gemessene Entfernung soll höchstens betragen:

   a) in Räumen, ausgenommen Räume nach b) bis f)   35 m
   b) in brandgefährdeten Räumen ohne Sprinklerung
       oder vergleichbaren Sicherheitsmaßnahmen   25 m
   c) in brandgefährdeten Räumen mit Sprinklerung
       oder vergleichbaren Sicherheitsmaßnahmen   35 m
   d) in giftstoffgefährdeten Räumen   20 m
   e) in explosionsgefährdeten Räumen
       ausgenommen Räume nach f)   20 m
   f) in explosionsgefährdeten Räumen   10 m

Die Ausgänge müssen unmittelbar ins Freie oder in Flure oder Treppenräume, die Rettungswege im Sinne des Bauordnungsrechts der Länder sind oder in andere Brandabschnitte führen.

Sofern diese Voraussetzungen nicht vorliegen, rechnen die Entfernungen, gemessen in der Luftlinie, bis zum nächstgelegenen Ausgang, der unmittelbar ins Freie oder in einen Rettungsweg führt.

2.2 Bei Räumen mit mehreren Türen sollen sich die Ausgänge möglichst in gegenüberliegenden Wänden befinden.

Anforderungen an Räume und Einrichtungen
Räume für Verkehrszonen
Flure, Verkehrsflächen

6
6.1
6.1.2

Notwendige Flure und Gänge
MBO § 33

Notwendige Flure in Geschossen mit mehr als vier Wohnungen
MBO § 32

Flure in barrierefreien Wohnungen
DIN 18 025 T1

Flure in Wohnheimen
WohnheimB NW, Anlage 1

Flure in Altenheimen, Altenwohnheimen und Pflegeheimen für Volljährige
HeimMindBauV § 2

HeimMindBauV § 3

Flure in Gaststätten
GastBauVO NW § 11

(1) Notwendige Flure sind Flure, über die Rettungswege von Aufenthaltsräumen zu Treppenräumen notwendiger Treppen oder zu Ausgängen ins Freie führen. Als notwendige Flure gelten nicht
 1. Flure innerhalb von Wohnungen oder Nutzungseinheiten vergleichbarer Größe,
 2. Flure innerhalb von Nutzungseinheiten, die einer Büro- oder Verwaltungsnutzung dienen und deren Nutzfläche in einem Geschoß nicht mehr als 400 m² beträgt.
(2) Notwendige Flure müssen so breit sein, daß sie für den größten zu erwartenden Verkehr ausreichen. Notwendige Flure von mehr als 30 m Länge sollen durch nicht abschließbare, rauchdichte und selbstschließende Türen unterteilt werden. In den Fluren sind Treppen von weniger als 3 Stufen unzulässig.
(5) In notwendigen Fluren und offenen Gängen sind
 1. Verkleidungen, Unterdecken und Dämmstoffe aus brennbaren Baustoffen unzulässig; dies gilt nicht in Gebäuden geringer Höhe,
 2. Leitungsanlagen nur zulässig, wenn Bedenken wegen des Brandschutzes nicht bestehen.
(6) In Geschossen mit mehr als vier Wohnungen oder Nutzungseinheiten vergleichbarer Größe müssen notwendige Flure angeordnet sein.

Bewegungsflächen in Fluren dürfen eine Abmessung 150 cm x 150 cm nicht unterschreiten.

2.5 Die Flure in Altenheimen (einschl. der Abteilung für besondere Betreuung) sowie in Wohnheimen für Behinderte sollen mindestens 1,80 m breit sein. Bei den übrigen Wohnheimarten muß die Flurbreite mindestens 1,50 m betragen, bei kurzen Stich- und Nebenfluren können diese Maße bis zu 10 v.H. unterschritten werden. Die Flure sollen gut belichtet oder beleuchtet sein. Die Bauvorhaben sind so zu planen, daß übermäßig lange Flure vermieden werden. Bei Altenheimen und Wohnheimen für Behinderte sind auf den Fluren beidseitig Handläufe anzuordnen.

Wohnplätze und Pflegeplätze müssen unmittelbar von einem Flur erreichbar sein, der den Heimbewohnern, dem Personal und den Besuchern allgemein zugänglich ist.

(1) Flure, die von Heimbewohnern benutzt werden, dürfen innerhalb eines Geschosses keine oder nur solche Stufen haben, die zusammen mit einer geeigneten Rampe angeordnet sind.
(2) In Pflegeheimen und Pflegeabteilungen müssen die Flure zu den Pflegeplätzen so bemessen sein, daß auf ihnen bettlägerige Bewohner transportiert werden können.
(3) Flure ... sind an beiden Seiten mit festen Handläufen zu versehen.

(1) Jeder Flur, an dem Galerieäume mit mehr als 400 Gastplätzen liegen, muß mind. zwei Ausgänge ins Freie oder zu notwendigen Treppen haben. Von jeder Stelle des Flures muß ein Ausgang in höchstens 30 m Entfernung erreichbar sein.
(4) Einzelne Stufen im Zuge von Fluren sind unzulässig. Drei oder mehr aufeinanderfolgende Stufen sind zulässig, wenn eine Stufenbeleuchtung vorhanden ist...
(5) Stichflure dürfen nicht länger als 10 m sein.

Anforderungen an Räume und Einrichtungen
Räume für Verkehrszonen
Flure, Verkehrsflächen

Verkehrswege in Arbeitsstätten
ArbStättV § 17

VBG 1 § 24

(1) Verkehrswege müssen so beschaffen ... sein, daß sie ... sicher begangen oder befahren werden können und neben den Verkehrswegen beschäftigte Arbeitnehmer durch den Verkehr nicht gefährdet werden.
(2) Verkehrswege für kraftbetriebene oder schienengebundene Beförderungsmittel müssen so breit sein, daß ... ein Sicherheitsabstand von mindestens 0,50 m auf beiden Seiten des Verkehrsweges vorhanden ist.
(3) Verkehrswege für Fahrzeuge müssen in einem Abstand von mindestens 1,00 m an Türen und Toren, Durchgängen, Durchfahrten und Treppenaustritten vorbeiführen.
(4) Die Begrenzungen der Verkehrswege in Arbeits- und Lagerräume mit mehr als 1000 m² müssen gekennzeichnet sein...

(1) Verkehrswege müssen freigehalten werden, damit sie jederzeit benutzt werden können.
(2) Führen Wege des Lastverkehrs an unübersichtlichen Ausgängen, Treppenzu- und -abgängen und ähnlichen Gefahrstellen in nicht mehr als 1 m Abstand vorbei, so sind die Gefahrstellen ... zu sichern.

Vorräume in Altenwohnungen
AWB NW, Anlage 1

3.21 Der Vorraum darf die Abmessung 1,40 m x 1,40 m nicht unterschreiten. Für die Mantelablage ist eine freie Wandfläche von mindestens 100 cm Breite nachzuweisen.

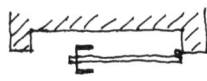

Vorräume in Wohnheimen
WohnheimB NW, Anlage 1

3.211 Der Vorraum darf die Abmessung 1,25 m x 1,25 m nicht unterschreiten. Für die Mantelablage ist eine freie Wandfläche von mind. 100 cm Breite nachzuweisen.

Anforderungen an Räume und Einrichtungen

Räume für Verkehrszonen

Treppenräume, Rampen

Notwendige Treppenräume
MBO § 32

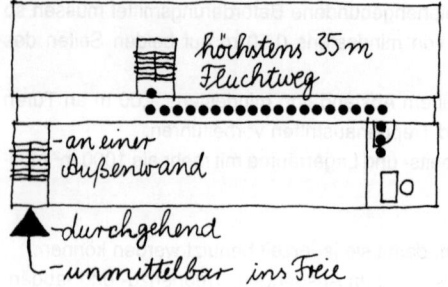

Beachten:
- Baustoffe nichtbrennbar bzw. schwerentflammbar
- Öffnungen mindestens
  · feuerhemmend
  · rauchdicht
  · selbstschließend
- Leitungsanlagen nur, wenn keine Brandschutzbedenken

(1) Jede notwendige Treppe muß in einem eigenen Treppenraum (notwendiger Treppenraum) liegen. Für die Verbindung von Geschossen innerhalb derselben Wohnung sind notwendige Treppen ohne Treppenraum zulässig, wenn in jedem Geschoß ein anderer Rettungsweg erreicht werden kann.

(2) Von jeder Stelle eines Aufenthaltsraumes sowie eines Kellergeschosses muß mindestens ein notwendiger Treppenraum oder ein Ausgang ins Freie in höchstens 35 m Entfernung erreichbar sein. Sind mehrere notwendige Treppenräume erforderlich, müssen sie so verteilt sein, daß die Rettungswege möglichst kurz sind.

(4) Notwendige Treppenräume müssen durchgehend sein und an einer Außenwand liegen. Notwendige Treppenräume, die nicht an einer Außenwand liegen (innenliegende notwendige Treppenräume), können gestattet werden, wenn ihre Benutzung durch Raucheintritt nicht gefährdet werden kann.

(5) Jeder notwendige Treppenraum muß einen sicheren Ausgang ins Freie haben. Sofern der Ausgang eines notwendigen Treppenraumes nicht unmittelbar ins Freie führt, muß der Raum zwischen dem notwendigen Treppenraum und dem Ausgang ins Freie
1. Mindestens so breit sein, wie die dazugehörigen Treppen,
2. Wände haben, die die Anforderungen an die Wände des Treppenraumes erfüllen,
3. rauchdichte und selbstschließende Türen zu notwendigen Fluren haben und
4. ohne Öffnungen zu anderen Räumen, ausgenommen zu notwendigen Fluren, sein.
Ausnahmen von Satz 2 Nm. 2 und 4 können gestattet werden, wenn Bedenken wegen des Brandschutzes nicht bestehen.

(7) Die Wände notwendiger Treppenräume müssen in der Bauart von Brandwänden (§ 28 Abs. 3) hergestellt sein; bei Gebäuden geringer Höhe müssen sie feuerbeständig sein. Dies gilt nicht, soweit diese Wände Außenwände sind, aus nichtbrennbaren Baustoffen bestehen und durch andere an diese Außenwände anschließende Gebäudeteile im Brandfall nicht gefährdet werden können.

(11) Treppenräume, die an einer Außenwand liegen, müssen in jedem Geschoß Fenster mit einer Größe von mindestens 60 cm x 90 cm haben, die geöffnet werden können. Innenliegende notwendige Treppenräume müssen in Gebäuden mit mehr als fünf oberirdischen Geschossen eine Sicherheitsbeleuchtung haben.

(12) In Gebäuden mit mehr als fünf oberirdischen Geschossen sowie bei innenliegenden notwendigen Treppenräumen muß an der obersten Stelle eines notwendigen Treppenraumes ein Rauchabzug vorhanden sein. Der Rauchabzug muß eine Rauchabzugsöffnung mit einem freien Querschnitt von mindestens 5 v.H. der Grundfläche, mindestens jedoch von 1 m² haben. Der Rauchabzug muß vom Erdgeschoß und vom obersten Treppenabsatz aus bedient werden können. Ausnahmen können gestattet werden, wenn der Rauch auf andere Weise abgeführt werden kann.

(13) Die Absätze 1 bis 5 und 7 bis 11 gelten nicht für Wohngebäude mit nicht mehr als zwei Wohnungen. Absatz 6 gilt nicht für Wohngebäude geringerer Höhe.

Treppenräume in Gaststätten
GastBauVO § 12

(1) Jedes nicht zu ebener Erde gelegene Geschoß mit mehr als 30 Gastbetten und Galerien in Obergeschossen mit mehr als 200 Gastplätzen, müssen über mindestens 2 voneinander unabhängige Treppen oder eine Treppe in einem Sicherheitstreppenraum (notwendige Treppe) zugänglich sein.

(3) Treppenräume sind gegen Flure durch rauchdichte und selbstschließende Türen abzuschließen...

(4) In Gebäuden mit mehreren notwendigen Treppen darf ein Treppenraum über eine Halle mit dem Freien verbunden sein. Die Entfernung von der untersten Treppenstufe bis ins Freie darf nicht mehr als 20 m betragen. Die Halle muß durch F 90-Wände von anderen Räumen getrennt sein...

(5) Führt der Ausgang aus Treppenräumen über Flure ins Freie, so sind die Flure gegen andere Räume durch Wände ohne Öffnungen mindestens der Feuerwiderstandsklasse F 90, die aus nichtbrennbaren Baustoffen bestehen (F90-A), abzutrennen...

Anforderungen an Räume und Einrichtungen

Räume für Verkehrszonen

Treppenräume, Rampen

Rampen
MBO § 31

(1) ... Statt notwendiger Treppen können Rampen mit flacher Neigung gestattet werden.

Rampen in barrierefreien Wohnungen
MBO § 52

(4) ... Rampen dürfen nicht mehr als 6 v.H. geneigt sein, sie müssen mindestens 1,2 m breit sein und beidseitig einen festen und griffsicheren Handlauf haben. Am Anfang und am Ende jeder Rampe ist ein Podest, alle 6 m ein Zwischenpodest anzuordnen. Podeste müssen eine Länge von mindestens 1,2 m haben...

DIN 18 025 T1, T2

Steigungen von Rampen dürfen nicht mehr als 6 % betragen. Bei einer Rampenlänge von mehr als 6,0 m ist ein Zwischenpodest von mind. 150 cm Länge erforderlich. Beidseitig sind 10 cm hohe Radabweiser vorzusehen.
Die Rampe ist ohne Quergefälle auszubilden.
Beidseitige Handläufe von 85 cm Höhe mit 3 bis 4,5 cm Ø sind erforderlich.
Die Bewegungsflächen am Anfang und Ende müssen 150x150 cm betragen.
Die Fahrbreite der Rampe zwischen den Radabweisern soll 1,20 m betragen.

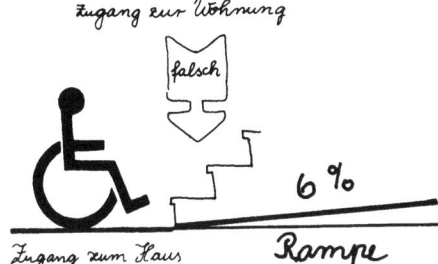

Rampen in Altenwohnungen
AWB NW, Anlage 1

2.2 Rampen, die zu Aufzügen führen, dürfen höchstens um 6 % geneigt sein.

Rampen in Wohnheimen
WohnheimB NW, Anlage 1

2.4 In Altenheimen und Heimen für Behinderte sind die Zufahrt- bzw. Erschließungswege eben und rutschfest auszuführen. Sind Niveauunterschiede nicht zu vermeiden, müssen Rampen mit flachen Neigungen und Handläufen vorgesehen werden.
Die DIN 18 024 und DIN 18 025 sind zu beachten.

Rampen in Arbeitsstätten (Laderampen)
ArbStättV § 21
≙ VGB 1 § 32

(1) Laderampen müssen mindestens 0,80 m breit sein.
(2) Laderampen müssen mindestens einen Abgang haben.
Laderampen mit mehr als 20 m Länge müssen, soweit dies betriebstechnisch möglich ist, in jedem Endbereich einen Abgang haben.
Abgänge müssen als Treppen oder als geneigte, sicher begehbare oder befahrbare Flächen ausgeführt sein.
Treppenöffnungen innerhalb von Rampen müssen so gesichert sein, daß Arbeitnehmer nicht abstürzen und Fahrzeuge nicht in die Treppenöffnungen abkippen können.
(3) Laderampen von mehr als 1,00 m Höhe sollen im Rahmen des betriebstechnisch Möglichen mit Einrichtungen zum Schutz gegen Absturz ausgerüstet sein...
(4) Laderampen, die neben Gleisanlagen liegen und mehr als 0,80 m über Schienenoberkante hoch sind, müssen so ausgeführt sein, daß Arbeitnehmer im Gefahrfall unter der Rampe Schutz finden können.

Anforderungen an Räume und Einrichtungen
Räume für Verkehrszonen
Aufzüge

Fahrschächte
MBO § 34

in einem Schacht dürfen bis zu drei Aufzüge liegen

(1) Aufzüge im Innern von Gebäuden müssen eigene Schächte in feuerbeständiger Bauart haben. In einem Aufzugsschacht dürfen bis zu drei Aufzüge liegen.
In Gebäuden bis zu fünf Vollgeschossen dürfen Aufzüge ohne eigene Schächte innerhalb der Umfassungswände des Treppenraumes liegen. Sie müssen sicher umkleidet sein.

(2) Der Fahrschacht muß zu lüften und mit Rauchabzugsvorrichtungen versehen sein. Die Rauchabzugsöffnungen in Fahrschächten müssen eine Größe von mindestens 2,5 v.H. der Grundfläche des Fahrschachtes, mindestens jedoch von 0,1 m² haben.

(3) Fahrschachttüren und andere Öffnungen in feuerbeständigen Schachtwänden sind so herzustellen, daß Feuer und Rauch nicht in andere Geschosse übertragen werden.

Aufzüge in Gebäuden mit mehr als fünf Geschossen
MBO § 34

Fahrkörbe für Tragen 1,10 m x 2,10 m
für Rollstühle 1,10 m x 1,40 m

(5) In Gebäuden mit mehr als fünf Vollgeschossen müssen Aufzüge in ausreichender Zahl eingebaut werden, von denen einer auch zur Aufnahme von Lasten, Krankentragen und Rollstühlen geeignet sein muß. Hierbei ist das oberste Vollgeschoß nicht zu berücksichtigen, wenn seine Nutzung einen Aufzug nicht erfordert. Fahrkörbe zur Aufnahme einer Krankentrage müssen eine nutzbare Grundfläche von mindestens 1,1 m x 2,1 m, zur Aufnahme eines Rollstuhles von mindestens 1,1 m x 1,4 m haben; Türen müssen eine lichte Durchgangsbreite von mindestens 80 cm haben. Vor den Aufzügen muß eine ausreichende Bewegungsfläche vorhanden sein. Zur Aufnahme von Rollstühlen bestimmte Aufzüge sollen von der öffentlichen Verkehrsfläche stufenlos erreichbar sein und stufenlos erreichbare Haltestellen in allen Geschossen mit Aufenthaltsräumen haben. Haltestellen im obersten Geschoß, im Erdgeschoß und in den Kellergeschossen können entfallen, wenn sie nur unter besonderen Schwierigkeiten hergestellt werden können.

Personenaufzüge für Wohngebäude
DIN 15 306

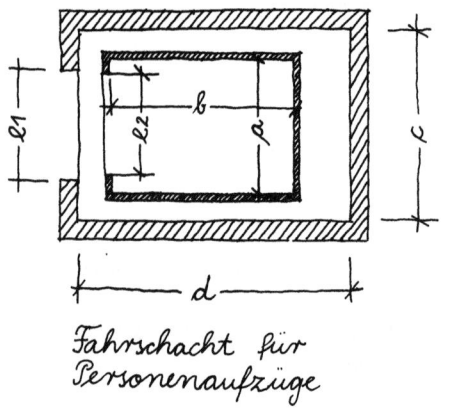

Fahrschacht für Personenaufzüge

Für Personenaufzüge in Wohngebäuden sind folgende Tragfähigkeiten festgelegt:

400 kg (kleiner Aufzug) für die Benutzung durch Personen, auch mit Traglasten
630 kg (mittlerer Aufzug) für die Benutzung auch mit Kinderwagen und Rollstühlen für körperbehinderte Personen
1000 kg (großer Aufzug) für die Benutzung auch zum Transport von Krankentragen, Särgen, Möbeln und Rollstühlen für körperbehinderte Personen

Baumaße, Fahrkorbmaße, Türmaße

Tragfähigkeit	in kg	400	630	1000
Zulässige Personenzahl		5	8	13
Mindest-Fahrschachtbreite c	in mm	1800	1800	1800
Mindest-Fahrschachttiefe d	in mm	1600	2100	2600
Fahrschachttürbreite e_1	in mm	800	800	800
Fahrschachttürhöhe f_1	in mm	2000	2000	2000
Fahrkorbbreite a	in mm	1100	1100	1100
Fahrkorbtiefe b	in mm	950	1400	2100

Verglaste Aufzüge
Harro Streng

Verglaste Aufzüge können in geschlossenen, teilweise offenen und offenen Fahrschächten geführt werden.
Die aufzugsspezifischen Anforderungen an das Glas (nach TRA 200) betreffen vor allem die Umwehrung und den sogenannten Verkehrsbereich. Der Verkehrsbereich umfaßt die Sicherheitsabstände zu den beweglichen Teilen des Aufzugs in den Ein- und Ausstiegszonen bis zu einer Höhe von 2,5 m bis 2,7 m über der Fußbodenoberkante.

- Durch Glas **geschlossene Aufzugsschächte** u.a. zum nachträglichen Anbau an Wohngebäuden haben oft engstehende Befestigungen, Führungsschienen und Querriegel.
- **Teilweise offene** Fahrschächte sind in den Verkehrsbereichen jeder Ebene geschlossen, im nicht zugänglichen Teil des Schachtes offen.
- **Offene Fahrschächte** (Panoramaaufzüge) für hohe Hallen in Kaufhäusern, Verwaltungsgebäuden, Hotels oder an Außenfassaden sind nur im Verkehrsbereich der untersten Ebene geschlossen.

Anforderungen an Räume und Einrichtungen   6

Räume für Verkehrszonen   6.1

Aufzüge   6.1.4

Die Kabinen werden von Stahlrahmen umschlossen und müssen durch umlaufende Handläufe gesichert sein.
Bei standardisiertem Schachtgitter und Typenaufzug sind Einzelzulassungen nicht erforderlich.

Aufzüge in barrierefreien Wohnungen
DIN 18 025 T1, T2

Fahrkörbe für Rollstühle
1,10 m x 1,40 m

Für in Obergeschossen liegende Wohnungen ist ein Aufzug erforderlich; er muß stufenlos erreichbar sein.
Die Aufzugskabine ist wie folgt zu bemessen:
lichte Breite   ≥   110 cm
lichte Tiefe   ≥   140 cm
lichte Türbreite   ≥   90 cm
Vor den Aufzugszugängen ist eine Bewegungsfläche von mindestens 150 cm x 150 cm erforderlich.

Aufzüge in Altenwohnungen
AWB NW, Anlage 1

2.2 Liegen Altenwohnungen in Gebäuden mit mehr als einem Geschoß über oder unter dem Eingangsgeschoß, so ist ein Aufzug für Personenbenutzung vorzusehen.
Bei heimverbundenen Altenwohnungen und bei Altenwohnungen im Altenwohnhaus müssen Aufzüge stufenlos erreichbar sein...
Die Aufzugskabinen sollen auch für Rollstuhlfahrer benutzbar sein.

Aufzüge in Wohnheimen
WohnheimB NW, Anlage 1

geeignet für Krankentransporte

2.7 In Altenheimen und Wohnheimen für Körperbehinderte muß das 1. Obergeschoß, in Personalwohnheimen das 2. Obergeschoß, mit einem Aufzug zu erreichen sein. Die Kabine wenigstens eines Aufzuges in Altenheimen und Wohnheimen für Behinderte muß ausreichend groß sein, um einen Krankentransport in horizontaler Lage zu ermöglichen. Der Stauraum vor den Aufzügen ist ausreichend zu bemessen und soll im Bereich der Treppenanlage vorgesehen werden.

Aufzüge in Altenheimen, Altenwohnheimen und Pflegeheimen für Volljährige
HeimMindBauV § 4

In Einrichtungen, in denen bei regelmäßiger Benutzung durch die Bewohner mehr als eine Geschoßhöhe zu überwinden ist oder in denen Rollstuhlbenutzer in nicht stufenlos zugänglichen Geschossen untergebracht sind, muß mindestens ein Aufzug vorhanden sein. Art, Größe und Ausstattung des Aufzugs müssen den Bedürfnissen der Bewohner entsprechen.

Personenaufzüge in Gast- und Beherbergungsbetrieben
GastBauVO NW § 18

(2) Gebäude oder Gebäudeteile, bei denen der Fußboden mind. eines Beherbergungsraumes mehr als 22 m über der festgelegten Geländeoberfläche liegt, müssen mind. einen Aufzug haben, der im Brandfall der Feuerwehr zur Verfügung steht. (Feuerwehraufzug)

Aufzüge für gewerbliche Nutzung
MBO § 34

(4) Bei Aufzügen, die außerhalb von Gebäuden liegen oder die nicht mehr als drei übereinanderliegende Geschosse verbinden, sowie bei vereinfachten Güteraufzügen, Kleingüteraufzügen, Mühlenaufzügen, Lagerhausaufzügen, Behindertenaufzügen und bei Aufzugsanlagen, die den aufgrund der Gewerbeordnung erlassenen Vorschriften nicht unterliegen, können Ausnahmen von den Absätzen 1 und 2 gestattet werden, wenn wegen der Betriebssicherheit und des Brandschutzes Bedenken nicht bestehen.

VGB 118 § 11

(1) Zugänge zu Aufzügen dürfen nicht verstellt werden. Vor den Zugängen zu Lastenaufzügen ist ein genügend großer Vorplatz freizuhalten.
Faustformel: der Vorplatz muß 3 bis 4 mal so groß sein wie die Fläche des Fahrkorbs.

Aufzüge in Arbeitsstätten
AufzV § 3

(1) Aufzugsanlagen müssen nach den Vorschriften ... und § 24 (1) der Gewerbeordnung ... und im übrigen nach den allgemein anerkannten Regeln der Technik errichtet und betrieben werden.

AufzV § 4

Aufzugsanlagen müssen ferner den über ... hinausgehenden Anforderungen genügen, die von der zuständigen Behörde im Einzelfall zur Abwendung besonderer Gefahren für Beschäftigte oder Dritte gestellt werden.

AufzV § 5

(1) Die zuständige Behörde kann für Aufzugsanlagen im Einzelfall ... Ausnahmen ... zulassen, wenn die Sicherheit auf andere Weise gewährleistet ist.

Anforderungen an Räume und Einrichtungen
Aufenthaltsräume (Räume für Wohnzwecke)

Wohnungen
MBO § 45

jede Wohnung muß baulich abgeschlossen sein

(1) Jede Wohnung muß von anderen Wohnungen und fremden Räumen baulich abgeschlossen sein und einen eigenen, abschließbaren Zugang unmittelbar vom Freien, von einem Treppenraum, einem Flur oder einem anderen Vorraum haben. Wohnungen in Wohngebäuden mit nicht mehr als zwei Wohnungen brauchen nicht abgeschlossen zu sein. Wohnungen in Gebäuden, die nicht nur zum Wohnen dienen, müssen einen besonderen Zugang haben; gemeinsame Zugänge können gestattet werden, wenn Gefahren oder unzumutbare Belästigungen für die Benutzer der Wohnungen nicht entstehen.

(2) Die Wohnungen müssen durchlüftet werden können.

Wohnungsgrößen in Sozial- und Genossenschaftswohnungen
WFB NW

2.121 Die Wohnfläche darf 50 m² nicht unterschreiten. Ist die Wohnung für einen Alleinstehenden bestimmt, darf die Wohnfläche 35 m² nicht unterschreiten und 47 m² nicht überschreiten.

2.122 ... Folgende Wohnflächenobergrenzen sind zu beachten:

Wohnungen bestehend aus	max. Wohnfläche
1 Zimmer, Küche, Nebenräume	47 m²
2 Zimmer, Küche, Nebenräume	67 m²
3 Zimmer, Küche, Nebenräume	77 m²
4 Zimmer, Küche, Nebenräume	92 m²
5 Zimmer, Küche, Nebenräume	107 m²

Eine Überschreitung um max. 5 m² ist zulässig.
Bei Wohnungen für schwerbehinderte Personen, die auf einen Rollstuhl angewiesen sind, kann die Wohnfläche um bis zu 10 m² überschritten werden.

Zusätzliche Wohnfläche in barrierefreien Wohnungen
DIN 18 025 T1, T2

6.3 Die angemessene Wohnfläche erhöht sich in barrierefreien Wohnungen im Regelfall um 15 m².

Wohnungsgrößen von Altenwohnungen
AWB NW

4. Altenwohnungen für alleinstehende Personen dürfen eine Wohnfläche von 40 m² nicht unter- und eine Wohnfläche von 49 m² nicht überschreiten.
Wohnungen für Ehepaare dürfen 50 m² nicht unter- und 60 m² nicht überschreiten.

Nordlage
BauO NW § 49

reine Nordlage ist unzulässig

(2) ... Reine Nordlage aller Wohn- und Schlafräume ist unzulässig.

Aufenthaltsräume
MBO § 44

(1) Aufenthaltsräume müssen eine für ihre Benutzung ausreichende Grundfläche und lichte Höhe von mindestens 2,4 m haben.

(2) Aufenthaltsräume müssen unmittelbar ins Freie führende und senkrecht stehende Fenster von solcher Zahl und Beschaffenheit haben, daß die Räume ausreichend mit Tageslicht beleuchtet und belüftet werden können (notwendige Fenster)...

(4) Aufenthaltsräume, deren Benutzung eine Beleuchtung mit Tageslicht verbietet, sind ohne notwendige Fenster zulässig, wenn dies durch besondere Maßnahmen, wie den Einbau von raumlufttechnischen Anlagen und Beleuchtungsanlagen ausgeglichen wird. Für Aufenthaltsräume, die nicht dem Wohnen dienen, kann anstelle einer Beleuchtung mit Tageslicht und Lüftung nach Absatz 2 eine Ausführung nach Satz 1 gestattet werden, wenn wegen des Brandschutzes und der Gesundheit Bedenken nicht bestehen.

Schallschutz für Aufenthaltsräume
DIN 4109

Die Norm gilt dem Schutz von Aufenthaltsräumen gegen Geräusche aus fremden Räumen und beschreibt die erforderliche Luft- und Trittschalldämmung.
Der Schallschutz in Gebäuden hat große Bedeutung für die Gesundheit und das Wohlbefinden des Menschen.
Besonders wichtig ist der Schallschutz im Wohnungsbau, weil die Wohnung dem Menschen sowohl zur Entspannung und zum Ausruhen dient, als auch den eigenen häuslichen Bereich gegenüber den Nachbarn abschirmen soll.
Auch in Schulen, Krankenanstalten, Beherbergungsstätten und Bürobauten ist der Schallschutz von Bedeutung, um eine zweckentsprechende Nutzung der Räume zu ermöglichen.

Anforderungen an Räume und Einrichtungen
Aufenthaltsräume (Räume für Wohnzwecke)

Bewegungsflächen in barrierefreien Wohnungen
DIN 18 025 T2

DIN 18 025 T1

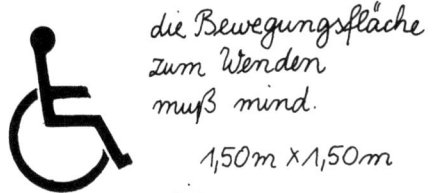
die Bewegungsfläche zum Wenden muß mind. 1,50 m x 1,50 m sein.

Wohnräume in Altenwohnungen
AWB NW, Anlage 1

1 Person 18 m² Wohnraum

2 Personen 20 m² Wohnraum

Bewegungsflächen mind. 90 cm tief

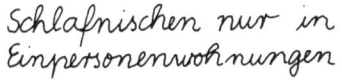
Schlafnischen nur in Einpersonenwohnungen

Wohnräume in Wohnheimen
WohnheimB NW, Anlage 1

3.5 Die Bewegungsfläche muß mind. 120 cm breit sein:
- entlang einer Längsseite eines Bettes, das bei Bedarf von drei Seiten zugänglich sein muß,
- zwischen Wänden innerhalb der Wohnung.

3.6 Die Bewegungsfläche muß mind. 90 cm tief sein:
- vor Möbeln (z.B. Schränken, Regalen, Kommoden, Betten).

Für Rollstuhlbenutzer

3.1 Die Bewegungsfläche muß mind. 150 cm x 150 cm sein:
- als Wendemöglichkeit in jedem Raum, ausgenommen kleine Räume, die ... ausschließlich vor- und rückwärtsfahrend genutzt werden können.

3.2 Die Bewegungsfläche muß mind. 150 cm tief sein:
- vor der Längsseite des Bettes...,
- vor Schränken.

3.5 Die Bewegungsfläche muß mind. 120 cm breit sein:
- zwischen Wänden innerhalb der Wohnung,
- entlang der Möbel, die seitlich angefahren werden.

2.4 Mindestens ein Fenster der Wohnung sollte einen Ausblick auf die Straße gestatten.

3.22 Das Wohnzimmer in einer Ein-Personen-Wohnung muß mind. 18 m², in einer Zwei-Personen-Wohnung mind. 20 m² groß sein (Nettowohnfläche).
Eine Mindestbreite des Wohnzimmers von 3,30 m darf nicht unterschritten werden.

3.23 Für folgende Einrichtungen in Schlafzimmern sind Stellflächen erforderlich:
- Ein-Personen-Wohnungen
  - 1 Bett   205 x 100 cm
  - 1 Schrank   mind. 110 x 65 cm
  - 1 tischhohes Möbel mind. 110 x 55 cm
- Zwei-Personen-Wohnungen
  - 2 Betten   je 205 x 100 cm
  - 1 Schrank   mind. 220 x 65 cm
  - 1 tischhohes Möbel mind. 110 x 55 cm

Es dürfen auch zwei getrennte kleine Schlafzimmer errichtet werden, wenn sie zusammen die vorstehenden Stellflächen aufweisen.
Die Bewegungsflächen vor den Stellflächen müssen so breit wie die Stellflächen und mind. 90 cm tief sein.

3.24 Eine Schlafnische – anstelle eines Schlafzimmers – darf nur in Ein-Personen-Wohnungen und nur dann angeordnet werden, wenn die Wohnung eine Küche nach DIN 18 022 oder eine direkt belichtete und belüftete Kleinküche enthält.

3.1 In Altenheimen, Personalwohnheimen und Heimen für körperlich Behinderte sind grundsätzlich nur Einbettappartements vorzusehen.
Zur Unterbringung von zwei Personen dürfen ... auch Zweitbettappartements ... sowie Zweibettzimmer bis 50 % aller Heimplätze gefördert werden.

3.212 Das Wohnzimmer muß zwischen 16 m² und 20 m² groß sein.
Bei einer Trennung von Wohnzimmer und Schlafzimmer bzw. Schlafnische muß das Wohnzimmer mind. 16 m² groß sein.
In Schlafzimmern gelten folgende Mindeststellflächen:
- Ein-Personen-Wohnplatz
  - 1 Bett   205 x 100 cm
  - 1 Schrank   mind. 110 x 65 cm
  - 1 tischhohes Möbel mind. 110 x 55 cm
- Zweizimmerappartement
  - 2 Betten   je 205 x 100 cm
  - 1 Schrank   mind. 220 x 65 cm
  - 1 tischhohes Möbel mind. 110 x 55 cm

Anforderungen an Räume und Einrichtungen
Aufenthaltsräume (Räume für Wohnzwecke)

WohnheimB NW, Anlage 1
(Fortsetzung)

Die Bewegungsflächen vor den Stellplätzen müssen so breit wie die Stellflächen und mind. 70 cm tief sein (erwünscht sind mind. 90 cm).
Bei L-förmiger Anordnung ... von Bett und tischhohen Möbeln genügt vor dem Bett eine Bewegungsfläche von ≥ 180 cm Breite.
3.221 Das Wohnzimmer in Zweibettappartements muß mindestens 18 m² groß sein.
3.24 Wohnschlafzimmer bzw. Wohnzimmer müssen so angeordnet sein, daß sie ausreichend besonnt sind und ihre Lage im Gebäude möglichst einen Ausblick auf die Straße zuläßt.

Wohnräume in Altenheimen, Altenwohnheimen und Pflegeheimen für Volljährige
HeimMindBauV § 14

(1) Wohnplätze (in Altenheimen) für eine Person müssen mindestens einen Wohnschlafraum mit einer Wohnfläche von 12 m², Wohnplätze für zwei Personen einen solchen mit einer Wohnfläche von 18 m² umfassen. Wohnplätze für mehr als zwei Personen sind nur ausnahmsweise mit Zustimmung der zuständigen Behörde, Wohnplätze für mehr als vier Personen sind nicht zulässig. Für die dritte oder vierte Person muß die zusätzliche Wohnfläche wenigstens 6 m² betragen.

HeimMindBauV § 15

(1) In jeder Einrichtung müssen mindestens vorhanden sein:
in Einrichtungen mit Mehrbettzimmern ein Einzelzimmer ... zur vorübergehenden Nutzung durch Bewohner.

HeimMindBauV § 19

(1) Wohnplätze (in Altenwohnheimen) für eine Person müssen mindestens einen Wohnschlafraum mit einer Wohnfläche von 12 m² umfassen.
Bei Wohnplätzen für zwei Personen muß die Wohnfläche des Wohnschlafraumes oder getrennter Wohn- und Schlafräume mindestens 18 m² betragen.

HeimMindBauV § 23

(1) Pflegeplätze (in Pflegeheimen für Volljährige) müssen mindestens einen Wohnschlafraum mit einer Wohnfläche von 12 m² für einen Bewohner, 18 m² für zwei, 24 m² für drei und 30 m² für vier Bewohner umfassen. Wohnschlafräume für mehr als vier Bewohner sind nicht zulässig.

HeimMindBauV nach § 2

Wohn- und Pflegeplätze müssen im Notfall unmittelbar von einem Flur erreichbar sein.

Wohnräume in Studentenwohnheimen
StudWB NW

2.2 Die Appartements müssen wenigstens enthalten:
• einen Vorraum,
• eine Naßzelle mit Dusche/Bad und WC,
• eine Kochgelegenheit, Kochabteil oder Kochnische,
• ein Wohnschlafzimmer,
• bei Zweipersonenappartements zwei Wohnschlafzimmer.
Das Einpersonenappartement soll 25 m² und das Zweipersonenappartement soll 36 m² nicht unterschreiten.

Beherbergungsräume in Beherbergungsbetrieben
GastBauVO NW § 21

(1) Jeder Beherbergungsraum muß einen eigenen Zugang vom Flur haben.
Bei gemeinsam vermietbaren Raumgruppen wie Appartements, Suiten, genügt es, wenn nur ein Raum unmittelbar vom Flur zugänglich ist...
(2) Einbettzimmer müssen mind. 8 m², Zweibettzimmer mind. 12 m² groß sein; Nebenräume, insbesondere Wasch- und Toilettenräume, werden nicht angerechnet.
(3) In jedem Beherbergungsraum oder in Verbindung mit ihm muß eine ausreichende Waschgelegenheit mit fließendem Wasser vorhanden sein, die anderen Gästen nicht zugänglich ist.
(4) Schlafräume für Betriebsangehörige dürfen nicht in unmittelbarer Nähe von Gasträumen liegen...

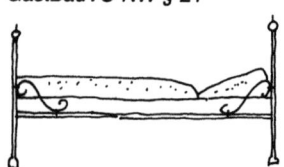

Einbettzimmer mind. 8 m²
Zweibettzimmer mind. 12 m²

Anforderungen an Räume und Einrichtungen
Sonstige Aufenthaltsräume

Aufenthaltsräume und Wohnungen in Kellergeschossen und Dachräumen
MBO § 46

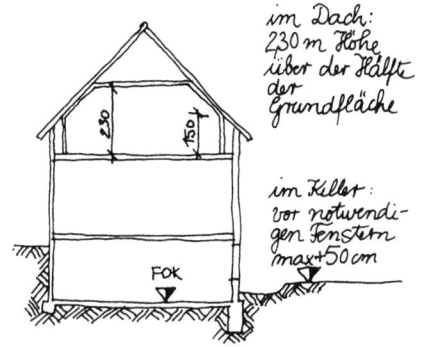

Gemeinschaftsräume und -anlagen in Wohnheimen
WohnheimB NW, Anlage 1

Gemeinschaftsräume in Altenwohnhäusern
AWB NW, Anlage 1

ab 20 Wohneinheiten 1 Gemeinschaftsraum mit Teeküche

Gemeinschaftsräume in Altenheimen, Altenwohnheimen und Pflegeheimen für Volljährige

HeimMindBauV § 16

HeimMindBauV § 20

HeimMindBauV § 25

Loggien in Wohnungen
MBO § 44

Freisitze in barrierefreien Wohnungen
DIN 18 025 T1, T2

(1) In Kellergeschossen sind Aufenthaltsräume und Wohnungen zulässig, wenn das Gelände, das an ihre Außenwände mit notwendigen Fenstern anschließt, in einer für die Beleuchtung mit Tageslicht ausreichenden Entfernung und Breite vor den notwendigen Fenstern nicht mehr als 50 cm über dem Fußboden der Aufenthaltsräume liegt.

(2) Aufenthaltsräume, deren Benutzung eine Beleuchtung mit Tageslicht verbietet, ferner Verkaufsräume, Gaststätten, ärztliche Behandlungsräume, Storträume, Spielräume und Werkräume sowie ähnliche Räume können in Kellergeschossen gestattet werden. § 44 Abs. 4 Satz 1 gilt sinngemäß.

(3) Räume nach Absatz 2 müssen unmittelbar mit Rettungswegen in Verbindung stehen, die ins Freie führen. Die Räume und Rettungswege müssen von anderen Räumen im Kellergeschoß feuerbeständig abgetrennt sein. Dies gilt nicht für Wohngebäude mit nicht mehr als zwei Wohnungen.

(4) Aufenthaltsräume im Dachraum müssen eine lichte Raumhöhe von mindestens 2,3 m über mindestens die Hälfte ihrer Grundfläche haben; Raumteile mit einer lichten Höhe bis 1,5 m bleiben außer Betracht.

(5) Aufenthaltsräume und Wohnungen im Dachraum müssen einschließlich ihrer Zugänge mit mindestens feuerhemmenden Wänden und Decken gegen den nicht ausgebauten Dachraum abgeschlossen sein; dies gilt nicht für freistehende Wohngebäude mit nur einer Wohnung.

3.51 In Altenheimen und Heimen für Behinderte sind Räume zur gemeinschaftlichen Nutzung (z.B. Räume zur Einnahme der Mahlzeiten und zur Pflege der Geselligkeit, Wandelgänge, Teeküchen, sowie Waschanlagen, Trockenräume, Therapieräume, Abstellräume), Räume zur Wirtschaftsführung und Räume für das Personal vorzusehen.

3.542 Je nach Anzahl der Wohngruppen und den Erfordernissen im Einzelfall können Gemeinschaftsräume (Speiseraum, Mehrzweckraum) mit einer Fläche von 1 m² bis 1,5 m² pro Heimplatz vorgesehen werden.

3.52 In allen Wohnheimen sollen ein oder mehrere ausreichende Tagesräume und in den einzelnen Wohngeschossen eine Teeküche vorgesehen werden.
Personal- und Wirtschaftsräume sind je nach Bedarf zu schaffen.

3.46 Für eine Wohngruppe (8 bis 12 Personen) ergibt sich somit, unter Berücksichtigung einer Verkehrsfläche von 20 – 25 m² je Gruppe und einer anteiligen Gemeinschaftsfläche von 100 – 120 m², ein Raumbedarf von ca. 300 – 475 m², d.h. ca. 30 – 47,5 m² je Heimplatz.

4. Werden zwanzig oder mehr Altenwohnungen in einem Bauvorhaben errichtet, so ist im Zusammenhang mit den Wohnungen ein Gemeinschaftsraum, der möglichst im Eingangsbereich anzuordnen ist, mit mindestens 20 m² Grundfläche, verbunden mit einer Teeküche und mit 2 getrennten WC-Anlagen, zu schaffen.

(1) Die Einrichtung muß mindestens einen Gemeinschaftsraum von 20 m² Nutzfläche haben (in Altenheimen). In Einrichtungen mit mehr als 20 Bewohnern muß eine Nutzfläche von mindestens 1 m² je Bewohner zur Verfügung stehen.

(2) Bei der Berechnung der Fläche ... können Speiseräume, in Ausnahmefällen auch andere geeignete Räume und Flure, insbesondere Wohnflure, angerechnet werden.

(1) (In Altenwohnheimen) gilt dies entsprechend mit der Maßgabe, daß je Heimbewohner Gemeinschaftsraum von mindestens 0,75 m² Nutzfläche zur Verfügung stehen muß.

Die Nutzflächen von 0,75 m² je Bewohner (in Pflegeheimen für Volljährige) müssen so angelegt sein, daß auch Bettlägerige an Veranstaltungen und Zusammenkünften teilnehmen können.

(3) Verglaste Vorbauten und Loggien sind vor notwendigen Fenstern zulässig, wenn eine ausreichende Lüftung und Beleuchtung mit Tageslicht sichergestellt ist.

6.4 Jeder Wohnung soll ein mind. 4,5 m² großer Freisitz (Terrasse, Loggia oder Balkon) zugeordnet sein.

3.1 Die Bewegungsfläche auf dem Freisitz muß mind. 1,5 m x 1,5 m sein.

7. Brüstungen von Freisitzen sollten ab 60 cm Höhe durchsichtig sein.

Anforderungen an Räume und Einrichtungen

Sonstige Aufenthaltsräume

6.3

Loggien in Altenwohnungen
AWB NW, Anlage 1

3.28 Die Loggia muß eine nutzbare Grundfläche von mindestens 3 m² – bei einer nutzbaren Tiefe von mindestens 140 cm – aufweisen.

Loggien in Wohnheimen
WohnheimB NW, Anlage 1

3.214 Die Loggia muß eine nutzbare Grundfläche von 2 bis 3 m² – bei einer nutzbaren Tiefe von mindestens 140 cm – aufweisen.
Anstelle der Loggia kann für Zweizimmerappartements auch ein Wintergarten oder Erker treten.

Governmenträume
Galerieäume — Gasträume
GastBauVO NW § 20

(1) Gasträume dürfen nicht zugleich als Wohn- und Schlafräume dienen. Gasträume und Wohnungen müssen getrennt zugänglich sein.
(2) Die Grundfläche mindestens eines Gastraumes muß mind. 25 m² betragen; für weitere Gasträume genügt eine Grundfläche von 15 m²...
(3) Bei Tischplätzen ist mit 1,0 m², bei Stuhlreihen und Stehplätzen mit 0,5 m² je Gast zu rechnen.
(4) Gasträume ... in Kellergeschossen können gestattet werden, wenn der tiefstgelegene Teil ihrer Fußbodenfläche nicht mehr als 5,0 m unter der festgelegten Geländeoberfläche liegt...
(5) Die lichte Höhe von Gasträumen muß bei einer Grundfläche von
– nicht mehr als   50 m²   mind. 2,50 m
– von mehr als   50 m²   mind. 2,75 m
– von mehr als   100 m²   mind. 3,00 m
betragen...
Für ... Nischen genügt eine geringere lichte Höhe.

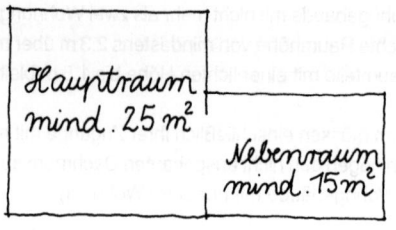

Raumgrößen von Arbeitsstätten
ArbStättV § 23

(1) Arbeitsräume müssen eine Grundfläche von mind. 8,0 m² haben.
(2) Räume dürfen als Arbeitsräume nur genutzt werden, wenn die lichte Höhe bei einer Grundfläche von
– nicht mehr als   50 m²   mind. 2,50 m,
– mehr als   50 m²   mind. 2,75 m,
– mehr als   100 m²   mind. 3,00 m,
– mehr als   2000 m²   mind. 3,25 m
beträgt.
Bei Räumen mit Schrägdecken darf die lichte Höhe im Bereich von Arbeitsplätzen und Verkehrswegen an keiner Stelle 2,50 m unterschreiten.
(3) Die genannten Maße können bei Verkaufsräumen, Büroräumen und anderen Arbeitsräumen, in denen überwiegend leichte oder sitzende Tätigkeit ausgeübt wird, oder aus zwingenden baulichen Gründen um 0,25 m herabgesetzt werden, wenn hiergegen keine gesundheitlichen Bedenken bestehen.
Die lichte Höhe darf nicht weniger als 2,50 m betragen.
(4) In Arbeitsräumen muß für jeden ständig anwesenden Arbeitnehmer als Mindestluftraum
12 m³ bei überwiegend sitzender Tätigkeit,
15 m³ bei überwiegend nichtsitzender Tätigkeit,
18 m³ bei schwerer körperlicher Arbeit
vorhanden sein.

Bewegungsflächen am Arbeitsplatz
ArbStättV § 24

(1) Für jeden Arbeitnehmer muß an seinem Arbeitsplatz mind. eine freie Bewegungsfläche von 1,50 m² zur Verfügung stehen. Sie soll an keiner Stelle weniger als 1,00 m breit sein.

Beleuchtung von Arbeitsstätten
ArbStättV § 7

(1) Arbeits-, Pausen-, Bereitschafts-, Liege- und Sanitätsräume müssen eine Sichtverbindung nach außen haben.
Dies gilt nicht für:
• Arbeitsräume, bei denen betriebstechnische Gründe eine Sichtverbindung nicht zulassen,
• Verkaufsräume sowie Schank- und Speiseräume in Gaststätten einschließlich der zugehörigen anderen Arbeitsräume, sofern die Räume vollständig unter Erdgleiche liegen,
• Arbeitsräume mit einer Grundfläche von mind. 2000 m², sofern Oberlichter vorhanden sind.

Anforderungen an Räume und Einrichtungen

Sonstige Aufenthaltsräume

Pausen-, Bereitschafts- und Liegeräume in Arbeitsstätten
ArbStättV § 29

ArbStättV § 30

ArbStättV (nach § 31)

(1) Den Arbeitnehmern ist ein leicht erreichbarer Pausenraum zur Verfügung zu stellen, wenn mehr als 10 Arbeitnehmer beschäftigt sind oder gesundheitliche Gründe oder die Art der Tätigkeit es erfordern. Dies gilt nicht ... für Büros u.ä.

(3) Für jeden Arbeitnehmer ... muß mind. eine Grundfläche von 1,00 m² vorhanden sein. Die Grundfläche eines Pausenraumes muß mind. 6,00 m² betragen.
Fällt in die Arbeitszeit regelmäßig und in erheblichem Umfang Arbeitsbereitschaft und stehen keine Pausenräume bereit, so sind Bereitschaftsräume zur Verfügung zu stellen. ... Sie müssen den Anforderungen an Pausenräume genügen.

Für Arbeitnehmerinnen, die mit Arbeiten beschäftigt sind, bei denen es der Arbeitsablauf nicht zuläßt, sich zeitweise zu setzen, muß ein Raum mit einer Liege zur Verfügung stehen. Dies gilt besonders für werdende oder stillende Mütter.

Gänge und Treppen in Verkaufsstellen
VBG 118 § 2

(1) Bedienungsgänge hinter den Verkaufstischen müssen ausreichend breit sein. Sie sollen eine Breite von 75 cm nicht unterschreiten.
Bei geschlossenen Bedienungsständen zwischen Verkaufstischen kann hiervon abgesehen werden.

(2) Die Breite der Gänge zwischen den Lagerregalen muß der Höhe der Regale und der Art der gestapelten Waren angepaßt sein.
Sie soll 1/10 der Regalhöhe + 40 cm, mind. jedoch 65 cm betragen.

(4) Im Freien liegende Treppen sind gegen Glätte zu sichern.

Apothekenbetriebsräume
ApBetrO § 4

(2) Eine Apotheke muß mind. aus
- 1 Offizin (= Apothekenraum)
- 1 Laboratorium (mit 1 Abzug mit Absaugvorrichtung)
- ausreichend Lagerraum
- 1 Nachtdienstzimmer
bestehen.
Eine Lagerung unterhalb einer Temperatur von 20 °C muß möglich sein.
Die Grundfläche dieser Betriebsräume muß ... mind. 110 m² (bei Krankenhausapotheken mind. 200 m²) betragen.

(3) Eine Zweigapotheke muß mind. aus
- 1 Offizin
- ausreichend Lagerraum
- 1 Nachtdienstzimmer
bestehen

(4) Die Betriebsräume sollen so angeordnet sein, daß jeder Raum ohne Verlassen der Apotheke zugänglich ist.

Anforderungen an Räume und Einrichtungen
Räume in Kindertagesstätten und Schulen   6.4

Raumbedarf für Kindertagesstätten
KitaRi NW

5.2 Das Grundstück soll so groß sein, daß nach Möglichkeit pro Gruppe 300 m² nutzbare Außenspielfläche zur Verfügung stehen...

5.4 Die Tageseinrichtung soll möglichst eingeschossig sein.
Die Gruppeneinheiten sollen einen direkten Zugang zur Außenspielfläche haben.

6.1 Für Einrichtungen mit Kindergarten-, Hort- und altersgemischten Gruppen sind folgende Räume erforderlich:
- Allgemeine Räume
Personalräume, Personal-WC, Küche, Dusche, Putzraum, Abstellräume, Verkehrsflächen mit Garderobe.
- Je Gruppe ca. 68 m² Fläche und eine Sanitäranlage.
- Für Gruppen mit Kindern unter drei Jahren ist zusätzlich ein Säuglingsraum mit Pflegeecke erforderlich.
- Bei Gruppen für Kinder bis zum Beginn der Schulpflicht soll der Gruppenraum in einen großen und einen kleinen Raum gegliedert werden, ab zwei Gruppen ist ein zusätzlicher Mehrzweckraum (ca. 55 m²) erforderlich.
- Bei Gruppen mit Schulkindern soll der Gruppenraum in einen großen Raum und weitere Räume für unterschiedliche Funktionen gegliedert werden. Die Sanitäranlage ist für Jungen und Mädchen zu trennen. Ein Werkraum für die gesamte Einrichtung ist zusätzlich erforderlich.
- Für Kinder unter drei Jahren und bei Kindertagesstätten ist insgesamt ausreichender Raum für den Mittagsschlaf vorzusehen.
- Auf Krippen und Krabbelstuben sind die sich aus den oben ergebenden Grundsätze entsprechend anzuwenden. Für den Tages-, Schlaf- und Pflegebereich ist von einem Raumbedarf von ca. 4,5 m² pro Kind bei Krippen und ca. 6 m² pro Kind bei Krabbelstuben auszugehen.

Unterrichtsräume in Schulen
BASchulR NW

3.15.1 Unterrichtsräume müssen eine lichte Höhe von mind. 3 m haben (ausgenommen Unterzüge).

3.15.2 Unterrichtsräume mit ansteigenden Platzreihen dürfen nur dann Stufengänge haben, wenn Rampengänge eine größere Steigung als 10 v.H. haben würden. Die Hauptgänge müssen mind. 90 cm breit sein und die Stufen gleiche Auftrittsbreite haben. Bei einem Höhenunterschied von mehr als 3 m zwischen der untersten und der obersten Platzreihe ist ein zweiter Ausgang ... anzuordnen. Über dem Fußboden der obersten Platzreihe muß eine lichte Höhe von mind. 2,3 m verbleiben.

Raumprogramm für allgemeinbildende Schulen
RdErl. d. Kultusministers NW

Die Größenangaben erfolgen in Rasterflächeneinheiten (RFE). Der Planung von Schulbauten soll im Grundriß ein quadratischer Planungsraster von 0,60 x 0,60 m zugrunde gelegt werden; das ergibt eine theoretische Grundfläche von 0,36 m² = 1 RFE. Die tatsächliche Grundfläche eines Raumes ergibt sich aus der Summe der RFE abzüglich der Wandanteile. Überschläglich kann 1 m² mit 3 RFE angesetzt werden.

Anforderungen an Räume und Einrichtungen

Räume in Kindertagesstätten und Schulen

Raumprogramm für die Grundschule (mit Schulkindergarten)

Lfd. Nr.	Raumart	Zahl/Größe bzw. Gesamtfläche (in RFE)				Anmerkungen
		1 Zug	2 Züge	3 Züge	4 Züge	
1.1	Unterrichtsraum	1/192	2/192	3/192	4/192	
1.2	Unterrichtsraum	3/168	6/168	9/168	12/168	
2.	Mehrzweckraum	1/216	2/192	3/192	3/192	1)
3.	Lehrmittelraum und Bibliothek	80	96	144		
4.	Forum	Für Neubauten von mehr als einzügigen Grundschulen sind je Schüler 2 RFE, mindestens jedoch 450 RFE zu veranschlagen.				
5.	Sporthalle	Für je angefangene 12 Klassen 1 Übungseinheit (15 m x 27 m)				
6.	Schulkindergarten	Bei Vorhandensein eines Schulkindergartens ist je Gruppe ein Raum mit 240 RFE für Spiel, Unterweisung und Einzeltätigkeit erforderlich, der durch flexible Anordnung der Möbel oder durch Stellwände unterteilbar sein sollte.				
7.	*Verwaltung* Lehrbereich	140	220	260	300	2)
8.	Geschäftszimmer	60	60	80	96	
9.	Sonstiger Verwaltungsbereich	140	140	160	160	3)
10.	Offene Pausenhalle	1 RFE je Schüler				

Anmerkungen:
1) In den Mehrzweckräumen findet der Unterricht in Musik und Kunst/textilem Gestalten sowie der Sachunterricht statt. Die erforderlichen Ausstattungsgegenstände und Materialien sind hier – soweit nach der Zahl der Räume möglich – nach Fächern getrennt unterzubringen.
2) Einschließlich Schulleiter und Stellvertreter.
3) Zum Beispiel Elternsprechzimmer/Sanitätsraum, Hausmeisterraum.

Anforderungen an Räume und Einrichtungen
Räume in Kindertagesstätten und Schulen

6.4

Raumprogramm für die Schulen der Sekundarstufe I (einschließlich Schulzentrum)

Lfd. Nr.	Raumart	Zahl/Größe bzw. Gesamtfläche (in RFE)							Anmerkungen
		2 Züge	3 Züge	4 Züge	5 Züge	6 Züge	7 Züge	8 Züge	
	Allgemeiner Unterrichtsbereich								
1.1	Unterrichtsraum	3/192	4/192	6/192	7/192	9/192	10/192	12/192	1)
1.2	Unterrichtsraum	9/168	14/168	18/168	23/168	27/168	32/168	36/168	1)
2.	Sprachlabor	1/240	1/240	1/240	2/240	2/240	2/240	2/240	
3.	Lehrmittelraum	180	180	180	240	240	300	300	2)
	Naturwissenschaftlicher Bereich								3)
4.1	Lehr- und Übungsraum	1/240	1/240	1/240	2/240	2/240	2/240	2/240	
4.2	Lehr- und Übungsraum	2/216	2/216	3/216	3/216	4/216	5/216	6/216	
5.	Demonstrationsraum	–	1/168	1/168	1/168	1/168	1/168	2/168	
6.	Sammlungs- und Vorbereitungsräume	450	480	510	610	700	780	850	
	Technischer und musischer Bereich								4)
7.	Hauswirtschaft (Küche, Unterrichts- und Speiseraum, Vorrats- und Maschinenraum, Umkleide- und Waschraum)	1/456	1/456	1/456	1/456	1/456	1/456	1/456	5)
8.	Raum für textiles Gestalten (mit Nebenraum)	–	1/256	1/256	1/256	1/256	1/256	1/256	6)
9.	Mehrzweckraum (mit Nebenraum)	1/256	1/256	1/256	1/256	2/256	3/256	3/256	6)
10.	Raum für neue Technologien – Computerfachraum	1/270	1/270	1/270	2/462	2/462	2/462	2/462	7)
11.	Technikraum (mit Maschinenraum sowie Umkleide- und Waschraum)	1/420	1/420	1/420	1/420	1/420	1/420	1/420	
12.	Musikraum	1/216	1/216	2/216	2/216	2/216	2/216	3/216	
13.1	Kunstraum	1/240	1/240	1/240	1/240	1/240	1/240	1/240	
13.2	Kunstraum	–	–	–	–	1/216	1/216	1/216	
14.	Nebenräume für Kunst und Musik	216	216	216	250	280	280	310	8)
15.	Sporthalle	Für jede angefangene 12 Klassen 1 Übungseinheit (15 m x 27 m)							
16.	Bibliothek und Mediothek	460	520	580	780	840	900	960	9)
17.	Forum	1 RFE je Schüler							10)
	Verwaltung								11)
18.	Lehrbereich	520	660	760	860	960	1.060	1.160	12)
19.	Geschäftszimmer (mit Raum für Reprotechnik)	156	156	156	156	192	192	216	
20.	Sonstiger Verwaltungsbereich	188	224	236	272	272	272	308	13)
21.	Offene Pausenhalle	1 RFE je Schüler							

Anmerkungen:
1) Für jede Klasse ist ein Unterrichtsraum vorgesehen, der im Bedarfsfall auch von anderen Klassen und Gruppen, z.B. für Differenzierungsmaßnahmen, genutzt werden kann.
2) Ein Lehrmittelraum sollte dem Sprachlabor zugeordnet werden.
3) Die Relation zwischen den Lehr- und Übungsräumen und den Demonstrationsräumen kann vom Muster abweichen. Der größere Lehr- und Übungsraum ist in erster Linie für Chemie bestimmt.
4) Die Verteilung der Unterrichts- und Nebenräume auf die einzelnen Fächer kann je nach Schulform und Schule vom Muster abweichen.
5) Der Unterrichts- und Speiseraum soll so angelegt werden, daß er auch als allgemeiner Unterrichtsraum außerhalb des hauswirtschaftlichen Unterrichts dienen kann.
6) Diese Räume sind je nach Bedarf vorzusehen für textiles Gestalten oder als zusätzliche Unterrichtsräume für die anderen zum technischen und musischen Bereich gehörenden Fächer.
7) Für den zweiten Computerfachraum ist eine Größe von 192 RFE vorzusehen.
8) Mit dem größeren Kunstraum kann ein Nebenraum als Fotolabor so gekoppelt werden, daß sich erforderlichenfalls mehrere Fotoarbeitsplätze im Fotolabor als Dunkelkammer, andere im Kunstraum als hellem Raum ergeben.
9) Die Bibliothek deckt den Bedarf für Schüler und Lehrer. Sie ist – auch hinsichtlich der natürlichen Belichtung und der Belüftung – so anzulegen, daß ein Teil ihrer Fläche auch zeitweilig für den Unterricht von Klassen und Gruppen gesondert genutzt werden kann.
10) Die obere Grenze für den schulischen Bereich liegt bei 1800 RFE = 600 Plätze, in der angegebenen Fläche sind etwaige Nebenräume (z.B. Stuhllager, Podium) enthalten.
11) Falls das Raumprogramm für ein Schulzentrum mit mehreren Schulen anzuwenden ist, kann ein Mehrbedarf (z.B. Räume für mehrere Schulleiter) entstehen. Auch bei Ganztagsschulen kann sich ein zusätzlicher Bedarf ergeben.
12) Einschließlich Räumen bzw. Flächen für Schulleiter, Schulleiterstellvertreter, Stufenleiter, Beratungslehrer und Lehramtsanwärter.
13) Zum Beispiel Elternsprechzimmer/Sanitärraum, Raum für Schülervertretung/Schülerzeitung.

Anforderungen an Räume und Einrichtungen

Räume in Kindertagesstätten und Schulen

Zusätzliches Raumprogramm für die gymnasiale Oberstufe

Lfd. Nr.	Raumart	Zahl/Größe bzw. Gesamtfläche (in RFE)						
		2 Züge	3 Züge	4 Züge	5 Züge	6 Züge	7 Züge	8 Züge
1.	*Allgemeiner Unterrichtsbereich* Unterrichtsraum	6/144	9/144	12/144	15/144	18/144	21/144	24/144
2.	Lehrmittelräume	60	60	80	80	100	100	120
3.1	*Naturwissenschaftlicher Bereich* Lehr- und Übungsraum	1/192	1/192	1/192	2/192	2/192	3/192	3/192
3.2	Lehr- und Übungsraum	–	1/168	2/168	2/168	3/168	3/168	3/168
4.	Demonstrationsraum	1/168	1/168	1/168	1/168	1/168	1/168	2/168
5.	Sammlungs- und Vorbereitungsräume	250	300	300	350	350	400	400
6.	*Technischer und musischer Bereich* Raum für neue Technologien – Computerfachraum	–	1/192	1/192	–	1/192	1/192	1/192
7.	Mehrzweckraum	–	–	1/168	2/168	2/168	2/168	2/168
8.	Musikraum	1/192	1/192	1/192	1/192	1/192	1/192	1/192
9.	Kunstraum	1/192	1/192	1/192	1/192	1/192	2/192	2/192
10.	Sporthalle	Für jede angefangene 12 Klassen 1 Übungseinheit (15 m x 27 m)						
11.	Bibliothek und Mediothek	200	250	300	350	400	450	500
12.	Schüleraufenthaltsraum	120	144	166	192	216	240	264
13.	Forum	1 RFE je Schüler						
14.	Verwaltung	350	400	450	500	550	600	650
15.	Offene Pausenhalle	1 RFE je Schüler						

Anmerkung:
Das Raumprogramm ist nicht für ein selbständiges System gedacht, sondern für den Fall, daß im Zusammenhang mit einer Schule oder einem Schulzentrum der Sekundarstufe I auch eine gymnasiale Oberstufe besteht, insbesondere auch für ein Gymnasium mit den Jahrgangsstufen 5–13. Sowohl in der baulichen Anlage als auch in der Nutzung sind die Räume und Flächen der beiden Sekundarstufen insgesamt zu betrachten. Abgesehen von den Unterrichtsräumen sind die für die Oberstufe im einzelnen aufgeführten Flächen daher je nach Zweckmäßigkeit zur Vermehrung der entsprechenden Räume oder zur Vergrößerung der entsprechenden Flächen des Musterraumprogramms für die Sekundarstufe I zu verwenden.
Einer von den im naturwissenschaftlichen oder im technischen und musischen Bereich aufgeführten Unterrichtsräume wird in der Regel eine Sonderausstattung erhalten müssen, die auch für den Unterricht in den Fächern Informatik und Mathematik die Benutzung von entsprechenden modernen Geräten gestattet.
Im übrigen gelten die einzelnen Anmerkungen zum Musterraumprogramm für die Sekundarstufe I entsprechend.

Ganztagsschulen

Bei Ganztagsschulen besteht ... zusätzlicher Bedarf für Spiel-, Musik- und Aufenthaltsräume (1 RFE je Schüler) sowie für Küche und Speiseraum. ... Der Flächenbedarf je Eßplatz beträgt 4 RFE...

Mehrbedarf bei Ganztagsschulen: 1,44 m² (= 4 RFE)

Anforderungen an Räume und Einrichtungen
Küchen

Küchen in Wohnungen
MBO § 45

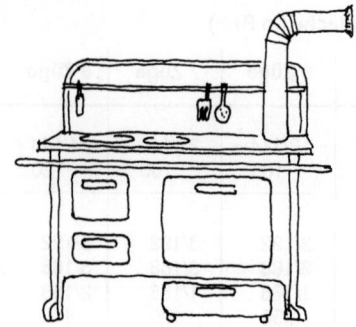

(3) Jede Wohnung muß eine Küche oder Kochnische haben... Fensterlose Küchen oder Kochnischen sind zulässig, wenn sie für sich lüftbar sind...

Planungsgrundlagen für Küchen
DIN 18 022

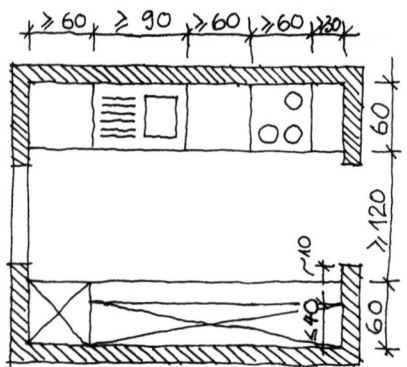

Größe und Einrichtung von Küchen hängen von der Anzahl der Personen ab, für die die Wohnungen oder Einfamilienhäuser geplant werden.
Küchen können um einen Eßplatz erweitert werden.
Kleinküchen in Wohnungen für 1 oder 2 Personen entsprechen hauswirtschaftlichen Anforderungen nur bedingt.
Die Mindestgröße von Küchen ergibt sich aus den notwendigen Stellflächen, Abständen und Bewegungsflächen.
Erforderliche Abstände zwischen Stellflächen und
- gegenüberliegenden Stellflächen $\geq$ 120 cm
- gegenüberliegenden Wänden $\geq$ 120 cm
- anliegenden Wänden (fertige Oberfläche) $\geq$ 3 cm
- Türleibungen $\geq$ 10 cm

Für einen rationellen Arbeitsablauf sollen die Stellflächen vorzugsweise von rechts nach links in folgender Reihenfolge angeordnet werden:
- Abstellfläche,
- Herd oder Einbaukochstelle,
- kleine Arbeitsfläche,
- Spüle,
- Abstellfläche.

Die Höhe von Arbeits- und Abstellflächen, Herden und Spülen kann max. 92 cm betragen; Fensterbrüstungen sind entsprechend höher festzulegen.
Die Tiefe von Arbeits- und Abstellplatten, Schränken, Spülen und gleich tiefen Küchengeräten muß 60 cm betragen.
Die Tiefe von Oberschränken ist $\leq$ 40 cm.

DIN 68 901

Bei (den) Breiten sind Rastermaße (Modul 1 M = 100 mm) zu berücksichtigen, und zwar 3 M, 4 M, 5 M und 6 M. Als Ausnahme ist auch 45 cm zulässig.
Zu bevorzugen ist eine Breite von 6 M.
Für die Breite von Spültischen sollten die Maße 9 M (Doppelbecken), 10 M, 12 M, 15 M (Spültische mit Doppelbecken und Abtropffläche) gewählt werden.

Eßplätze in Wohnungen

Für einen Eßplatz in der Küche 4 m² mehr rechnen!

Falls in der Küche ein Eßplatz mit eingeplant werden soll, kann als Faustregel ein Raummehrbedarf von ca. 4,0 m² angenommen werden.

Anforderungen an Räume und Einrichtungen

Küchen

Küchen in barrierefreien Wohnungen
DIN 18 025 T2

Herd, Arbeitsplatte und Spüle müssen für die Belange des Nutzers auf die ihm entsprechende Arbeitshöhe montiert werden können.
Herd, Arbeitsplatte und Spüle sollten nebeneinander mit Beinfreiheit angeordnet werden können.
Die Bewegungsfläche vor Kücheneinrichtungen muß mind. 120 cm breit sein.

DIN 18 025 T1

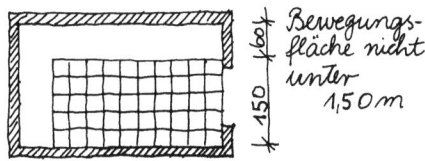

Für Rollstuhlbenutzer gilt zusätzlich:
Die Kücheneinrichtung muß uneingeschränkt unterfahrbar sein.
Herd, Arbeitsplatte und Spüle sollten übereck angeordnet werden können.
Die Bewegungsfläche vor Kücheneinrichtungen muß mind. 150 cm tief sein.

Küchen in Altenwohnungen bzw. Wohnungen in Altenwohnheimen
AWB NW, Anlage 1

3.25 Küchen sind nach DIN 18 022 zu bemessen.
Unterhalb des Fensters sollten weder Ausstattungsteile noch Stellflächen für Einrichtungsteile geplant werden.

3.26 Kleinküchen sind Kochabteile oder Kochnischen, die direkt oder indirekt belichtet und belüftet werden. Eine direkte Belichtung und Belüftung ist erforderlich, wenn die Wohnung nicht mit Schlafzimmer, sondern mit Schlafnische geplant ist.
Folgende Ausstattung ist vorzusehen:

• Unterschrank mit Arbeitsplatte	b ≥ 60 cm
• Spüle	b ≥ 40 cm
• Unterschrank mit Arbeitsplatte und herausziehbarer Arbeitsplatte zum Arbeiten im Sitzen	b ≥ 60 cm
• Herd mit Backofen	b ≥ 50 cm
• Unterschrank mit Arbeitsplatte	b ≥ 60 cm
• Kühlschrank mit Gefrierfach	b ≥ 60 cm

Die Höhe der Geräte soll 85 cm betragen.
Die Bewegungsflächen müssen so breit wie die Ausstattungsteile und mind. 110 cm tief sein.

Küchen in Wohnheimen
WohnheimB NW, Anlage 1

Je nach Anzahl der Wohngruppen können in Wohnheimen für Behinderte vorgesehen werden:
... eine Küche mit Spülraum, Verteilerküche und Vorratsräumen.

Küchen in Altenheimen, Altenwohnheimen und Pflegeheimen für Volljährige
HeimMindBauV § 15

(1) In jeder Einrichtung (in Altenheimen) müssen mindestens vorhanden sein:
ausreichende Kochgelegenheiten für die Bewohner.

HeimMindBauV § 19

(1) Wohnplätze (in Altenwohnheimen) ... müssen mindestens ... eine Küche, eine Kochnische oder einen Kochschrank umfassen.

Küchen in Gaststätten
GastBauVO NW § 23

(1) Küchen müssen mind. 8 m² Grundfläche haben.
Die lichte Höhe von Küchen muß bei einer Grundfläche von
– nicht mehr als 50 m²   mind. 2,50 m
– von mehr als   50 m²   mind. 2,75 m
– von mehr als 100 m²   mind. 3,00 m
betragen...
In Kellergeschossen sind Küchen nur zulässig, wenn sich hier auch die zugehörigen Governmenten Galeichenasträume befinden.

(2) Küchen müssen mind. eine Wasserzapfstelle, ein Handwaschbecken und einen Schmutzwasserausguß haben.

Anforderungen an Räume und Einrichtungen
Sanitäreinrichtungen   6.6

Bäder und Toilettenräume in Wohnungen
MBO § 47

(1) Jede Wohnung muß ein Bad mit Badewanne oder Dusche haben, wenn eine ausreichende Wasserversorgung und Abwasserbeseitigung möglich sind. Fensterlose Bäder sind nur zulässig, wenn eine wirksame Lüftung gewährleistet ist.

(2) Jede Wohnung ... muß mindestens eine Toilette haben. Diese muß eine Toilette mit Wasserspülung sein, wenn sie an eine dafür geeignete Sammelkanalisation oder an eine Kleinkläranlage angeschlossen werden kann.
Ausnahmen können zugelassen werden, wenn gesundheitliche Bedenken und Bedenken wegen des Grundwassers nicht bestehen.
Toilettenräume für Wohnungen müssen innerhalb der Wohnung liegen. In Bädern von Wohnungen dürfen nur Toiletten mit Wasserspülung angeordnet werden.
Toiletten mit Wasserspülung dürfen nicht an Gruben (§ 41) angeschlossen werden.
Fensterlose Toilettenräume sind nur zulässig, wenn eine wirksame Lüftung gewährleistet ist.

Bäder und WCs
DIN 18 022

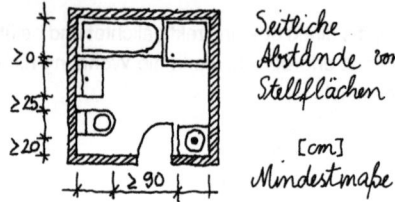

Anzahl und Größe von Bädern und WCs hängen vorrangig von der Anzahl der Personen ab...
In Wohnungen für mehrere Personen ist die Anordnung eines vom Bad getrennten WCs zweckmäßig.
Die Mindestmaße ergeben sich aus den Stellflächen und Abständen.
Erforderliche Abstände zwischen Stellflächen und

• gegenüberliegenden Stellflächen	≥ 75 cm
• gegenüberliegenden Waschmaschinen und Trockner	≥ 90 cm
• anliegenden Wänden	≥ 3 cm
• Türleibungen	≥ 10 cm
Bewegungsfläche vor der Badewanne	≥ 90 cm x 75 cm
Stellflächen für Sanitär-Objekte:	
• Einzelwaschtisch	≥ 60 cm x 55 cm
• Doppelwaschtisch	≥ 120 cm x 55 cm
• Handwaschbecken	≥ 45 cm x 35 cm
• Badewanne	≥ 170 cm x 75 cm
• Duschbecken	≥ 80 cm x 80 cm
• Klosettbecken vor der Wand	40 cm x 75 cm
• Klosettbecken für Wandeinbau	40 cm x 60 cm
• Waschmaschine	60 cm x 60 cm
• Wäschetrockner	60 cm x 60 cm
• Hochschrank	≥ 30 cm x 40 cm

Lüftung von Bädern und Toilettenräumen ohne Außenfenster
Einzelschachtanlagen ohne Ventilatoren
DIN 18 017 T1

Für jeden zu lüftenden Raum ist ein eigener Zuluftschacht und ein eigener Abluftschacht einzubauen.
Liegen Bad und Spülabort derselben Wohnung nebeneinander, so dürfen sie gemeinsame Schächte haben.
Die Schächte müssen einen nach Form und Größe gleichbleibenden lichten Schachtquerschnitt haben. Er darf kreisförmig oder rechteckig und muß mindestens 140 cm² groß sein (rechteckig b < 1,5 d).
Die Schächte sind senkrecht ... zu führen. Sie dürfen einmal schräg geführt werden. Bei der Schrägführung darf der Winkel zwischen der Schachtachse und der Waagerechten nicht kleiner als 60° sein. Die Schächte sollen Dächer mit einer Neigung von mehr als 20° im First oder in unmittelbarer Nähe des Firstes durchdringen und müssen diesen mindestens 0,4 m überragen.
Die Schächte müssen Dachflächen mit einer Neigung von weniger als 20° mindestens 1 m überragen.
Der Zuluftkanal darf kreisförmig oder rechteckig sein. Bei rechteckigen lichten Querschnitten müssen die Rechteckseiten mindestens 90 mm lang sein. Das Maß der längeren Seite darf höchstens das 10fache der kürzeren betragen.
Die Zuluftöffnung muß einen freien Querschnitt von mindestens 150 cm² haben.
Die Abluftöffnung muß einen lichten Querschnitt von mindestens 150 cm² haben und muß möglichst nahe unter der Decke angeordnet sein.
Der Abgasschornstein von Gasfeuerstätten kann zugleich die Funktion des Abluftschachtes übernehmen.

Anforderungen an Räume und Einrichtungen
Sanitäreinrichtungen

Lüftung von Bädern und Toilettenräumen ohne Außenfenster mit Ventilatoren ohne Zulufteinrichtung
DIN 18 017 T3

Art und Leistung von Ventilatoren
DIN 18017 T3
Zuluftöffnung 150 cm²

Die Zuluft erfolgt über Undichtheiten in den Außenbauteilen. Der Abluftvolumenstrom darf max. 0,8fachem Luftwechsel der gesamten Wohnung entsprechen.
Art und Betriebsweise der Entlüftungsanlagen:
- Einzelentlüftungsanlagen mit eigenen Abluftleitungen je Wohnung,
- Einzelentlüftungsanlagen mit gemeinsamer Abluftleitung,
- Zentralentlüftungsanlagen mit gemeinsamem Ventilator für mehrere Wohnungen.

Jeder zu entlüftende innenliegende Raum muß eine unverschließbare Nachströmöffnung von 150 cm² freien Querschnitts haben.
Aus dem zu entlüftenden Raum ist die Luft möglichst nahe der Decke abzuführen.
Die Abluft ist ins Freie zu führen.

Bauliche Maßnahmen für besondere Personengruppen
MBO § 52

(4) ... Ein Toilettenraum muß auch für Benutzer von Rollstühlen geeignet sein; er ist zu kennzeichnen.

Sanitärräume in barrierefreien Wohnungen
DIN 18 025 T2

Der Sanitärraum ist mit einem stufenlos begehbaren Duschplatz auszustatten.
Das nachträgliche Aufstellen einer Badewanne ... sollte möglich sein.
Zusätzlich gilt DIN 18 022.
Die Tür des Sanitärraumes muß abschließbar und im Notfall von außen zu entriegeln sein. Sie darf nicht in den Sanitärraum schlagen.
Die Bewegungsfläche vor den Sanitäreinrichtungen und im Duschbereich muß 120 cm x 120 cm sein.

DIN 18 025 T1

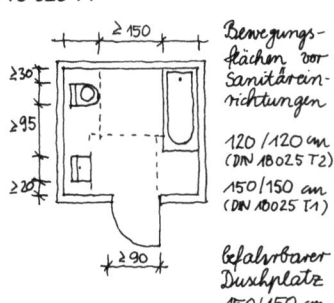

Bewegungsflächen vor Sanitäreinrichtungen
120/120 cm (DIN 18025 T2)
150/150 cm (DIN 18025 T1)
befahrbarer Duschplatz 150/150 cm

Für Rollstuhlbenutzer gilt zusätzlich:
Ausstattung des Sanitärraums:
- Rollstuhlbefahrbarer Duschplatz mit Möglichkeit einer nachträglich aufzustellenden unterfahrbaren Badewanne,
- unterfahrbarer Waschtisch,
- Sitzhöhe des Klosettbeckens incl. Sitz   48 cm

Bewegungsflächen:
- als Duschplatz, vor dem Klosettbecken, vor dem Waschtisch   150 cm x 150 cm
- vor der Einstiegsseite der Badewanne   150 cm tief
- neben dem Klosettbecken   ≥ 95 cm x 70 cm

Abstand Klosettbecken/Wand   ≥ 30 cm

Bäder und WCs in Altenwohnungen
AWB NW, Anlage 1

Die Tür des Sanitärraumes muß nach außen aufschlagen.
Neben dem Spülklosett ist ein Haltegriff anzubringen.
Die Bade- oder Brausewanne ist mit Ein- und Ausstiegshilfen zu versehen.
Der Duschplatz (mind. 90 cm x 90 cm) muß einen Klappsitz oder eine Sitzbank aufweisen.
Es sind Stellplätze und Anschlüsse für eine Waschmaschine vorzusehen.
Abstände der Ausstattungsgegenstände:
- Waschbecken auf beiden Seiten   ≥ 0,20 m
- Spülklosett auf beiden Seiten   ≥ 0,25 m
- vor Badewanne   ≥ 0,90 m x 0,90 m
- vor Spülklosett und Waschbecken   ≥ 0,90 m

Zusätzlich gilt DIN 18 022.

Sanitärräume in Wohnheimen
WohnheimB NW, Anlage 1

In Naßzellen von Ein- oder Zweibettappartements in Altenheimen sind folgende Ausstattungsgegenstände mindestens einzubauen:
- Waschtisch   ≥ 55 cm x 45 cm
- Spülklosett   40 cm x ca. 65 cm
- Altersgerechte Bade- oder Brausewanne.

Die Bewegungsflächen vor den Ausstattungsteilen müssen so breit wie die Ausstattungsteile und mind. 75 cm tief sein.
Abstände:
- zwischen Waschtisch und Wand   ≥ 20 cm
- zwischen Spülklosett und Wand bzw. anderen Ausstattungsteilen   ≥ 25 cm

Bewegungsflächen vor Sanitäreinrichtungen ≥ 75 cm tief

Anforderungen an Räume und Einrichtungen
Sanitäreinrichtungen 6.6

WohnheimB NW, Anlage 1
(Fortsetzung)

Die Tür muß nach außen aufschlagen.
Neben dem Spülklosett und im Bereich der Dusche/Badewanne sind Haltegriffe anzubringen.
Soweit den Wohnschlafzimmern bei Wohnheimen für geistig Behinderte keine Naßzellen zugeordnet werden, ist eine im Verhältnis zur Gesamtzahl der Heimplätze genügend große Zahl an WC's, Duschen und/oder Bädern in den einzelnen Wohngeschossen vorzusehen.
Für eine Wohngruppe (8 bis 12 Personen) sind vorzusehen:

- 1 Badezimmer zur allgemeinen Benutzung möglichst mit freistehender Wanne (auch wenn die Wohnschlafräume Naßzellen haben) 6–10 m²
- 2 Duschen und 2 WCs für Wohnschlafräume ohne Naßzelle 10–12 m²
- WC-Anlagen für Gemeinschaftsbereiche.

Ein Teil der Sanitärräume muß von Rollstuhlfahrern benutzt werden können.

für Wohngruppen von 8 bis 12 Personen

Sanitärräume in Altenheimen, Altenwohnheimen und Pflegeheimen für Volljährige
HeimMindBauV § 9

(1) ... Sanitärräume müssen im Notfall von außen zugänglich sein.

HeimMindBauV § 10

(1) Badewannen und Duschen in Gemeinschaftsanlagen müssen bei ihrer Benutzung einen Sichtschutz haben.
(3) Badewannen, Duschen und Spülaborte müssen mit Haltegriffen versehen sein.
(4) In Einrichtungen mit Rollstuhlbenutzern müssen für diese Personen geeignete sanitäre Anlagen in ausreichender Zahl vorhanden sein.

HeimMindBauV § 18

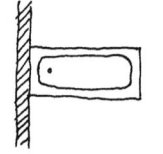
Freistellung der Wanne in Gemeinschaftsbädern

In Altenheimen
(1) Für jeweils bis zu 8 Bewohner (in Altenheimen) muß im gleichen Geschoß mind. ein Spülabort mit Handwaschbecken vorhanden sein.
(2) Für jeweils bis zu 20 Bewohner muß im gleichen Gebäude mindestens eine Badewanne oder eine Dusche zur Verfügung stehen.
(3) In den Gemeinschaftsbädern ... sind die Badewannen an den Längsseiten und einer Stirnseite freistehend aufzustellen.

HeimMindBauV § 22

In Altenwohnheimen
Für jeweils bis zu 20 Bewohner muß im gleichen Gebäude mindestens eine Badewanne oder eine Dusche zur Verfügung stehen.

HeimMindBauV § 27

In Pflegeheimen
(1) Für jeweils bis zu 4 Bewohner müssen in unmittelbarer Nähe des Wohnschlafraumes ein Waschtisch mit Kalt- und Warmwasseranschluß und für jeweils bis zu 8 Bewohner ein Spülabort vorhanden sein.
(2) Für jeweils bis zu 20 Bewohner muß im gleichen Gebäude mindestens eine Badewanne oder eine Dusche zur Verfügung stehen.
(3) Für dauernd bettlägerige Bewohner ... muß die geforderte Anzahl an Badewannen und Duschen in dem jeweiligen Geschoß vorgehalten werden.

Sanitärräume in Gaststätten und Beherbergungsbetrieben
GastBauVO NW § 21

(3) In jedem Beherbergungsraum oder in Verbindung mit ihm muß eine ausreichende Waschgelegenheit mit fließendem Wasser vorhanden sein, die anderen Gästen nicht zugänglich ist.

GastBauVO NW § 22

(1) Die Toilettenräume für die Gäste müssen leicht erreichbar und gekennzeichnet sein.
(2) In Schank- oder Speisewirtschaften müssen mind. vorhanden sein:

Anzahl der Toiletten je nach Gastraumfläche

Gastplätze	Toilettenbecken		Urinale Becken oder Rinne	
	Herren	Damen	Stück	lfm
bis 50	1	1	2	2
über 50 – 200	2	2	3	3
über 200 – 400	3	4	6	4
über 400	Festsetzung im Einzelfall			

Anforderungen an Räume und Einrichtungen

Sanitäreinrichtungen

6.6

(3) In jedem Geschoß von Beherbergungsbetrieben, in denen Beherbergungsräume liegen, soll für je 10 Betten eine Toilette vorhanden sein. Beherbergungsräume mit eigenen Toilettenräumen werden nicht mitgerechnet.

(5) Toilettenräume für Damen und Herren müssen durch durchgehende Wände voneinander getrennt sein.
Jeder Toilettenraum muß einen lüftbaren und beleuchtbaren Vorraum mit Waschbecken, Seifenspender und gesundheitlich einwandfreien Handtrocknungseinrichtungen haben.

(6) ... Toiletten- und Unrinalräume müssen einen Fußbodenablauf mit Geruchsverschluß haben; dies gilt nicht für Toilettenräume nach Absatz (3). Die Standbreite von Urinalbecken darf 60 cm nicht unterschreiten.

(4) Werden mehr als 5 Arbeitnehmer gleichzeitig beschäftigt, so müssen für die Betriebsangehörigen eigene Toilettenräume vorhanden sein.
Für Damen und Herrn müssen getrennte Toilettenräume vorhanden sein.
Der Weg der in der Küche Beschäftigten zu diesen Räumen darf nicht durch Schank- oder Speiseräume ins Freie führen.

 *für Angestellte getrennte WC's, nicht durch den Gastraum oder durchs Freie*

Toilettenanlagen in Betriebs- und Arbeitsstätten
MBO § 47

(2) Jede ... selbständige Betriebsstätte oder Arbeitsstätte muß mindestens eine Toilette haben. Diese muß eine Toilette mit Wasserspülung sein, wenn sie an eine dafür geeignete Sammelkanalisation oder an eine Kleinkläranlage angeschlossen werden kann.
Ausnahmen können zugelassen werden, wenn gesundheitliche Bedenken und Bedenken wegen des Grundwassers nicht bestehen...
Toiletten mit Wasserspülung dürfen nicht an Gruben (§ 41) angeschlossen werden.
Fensterlose Toilettenräume sind nur zulässig, wenn eine wirksame Lüftung gewährleistet ist.
Für Gebäude, die für einen großen Personenkreis bestimmt sind, ist eine ausreichende Zahl von Toiletten herzustellen.

Sanitärräume in Arbeitsstätten
ArbStättV § 37

(1) Den Arbeitnehmern sind in der Nähe der Arbeitsplätze besondere Räume mit einer ausreichenden Zahl von Toiletten und Handwaschbecken **(Toilettenräume)** zur Verfügung zu stellen.
Wenn mehr als 5 Arbeitnehmer verschiedenen Geschlechts beschäftigt werden, müssen für Frauen und Männer vollständig getrennte Toilettenräume vorhanden sein. Sie müssen ausschließlich den Betriebsangehörigen zur Verfügung stehen.

(2) In unmittelbarer Nähe von Pausen-, Bereitschafts-, Umkleide- und Waschräumen müssen Toilettenräume vorhanden sein.

ArbStättV § 35

(1) Je nach Art der Tätigkeit sind den Arbeitnehmern **Waschräume** zur Verfügung zu stellen. Die Waschräume müssen für Männer und Frauen getrennt sein.

(2) Waschräume müssen eine lichte Höhe von mind. 2,30 m bei einer Grundfläche bis einschließlich 30 m² und mind. 2,50 m bei einer Grundfläche von mehr als 30 m² haben.

(3) ... Die freie Bodenfläche vor einer Waschgelegenheit muß mind. 70 x 70 cm betragen. Waschräume müssen eine Grundfläche von mind. 4,00 m² haben.

(5) Wenn Waschräume nicht erforderlich sind, müssen in der Nähe der Arbeitsplätze Waschgelegenheiten mit fließendem Wasser vorhanden sein.

*Waschräume bis 30 m² → lichte Höhe 2,30 m
über 30 m² → lichte Höhe 2,50 m*

ArbStättV § 36

Wasch- und Umkleideräume müssen einen unmittelbaren Zugang zueinander haben, aber räumlich getrennt sein.

ArbStättV § 37

(1) Den Arbeitnehmern sind **Umkleideräume** zur Verfügung zu stellen, wenn die Arbeitnehmer bei ihrer Tätigkeit besondere Arbeitskleidung tragen müssen... Die Umkleideräume sollten für Frauen und Männer getrennt sein.

(2) Bei Betrieben, in denen die Arbeitnehmer bei ihrer Tätigkeit starker Hitze ausgesetzt sind, müssen sich die Umkleideräume in der Nähe der Arbeitsplätze befinden.

(3) Umkleideräume müssen eine lichte Höhe von mindestens 2,30 m bei einer Grundfläche bis einschließlich 30 m² und mindestens 2,50 m bei einer Grundfläche von mehr als 30 m² haben.

(4) ... Bei jeder Kleiderablage muß eine freie Bodenfläche, einschließlich der Verkehrsfläche, von mindestens 0,50 m² zur Verfügung stehen.
Die Grundfläche eines Umkleideraumes muß mindestens 6,00 m² betragen.

(5) Die Umkleideräume müssen mit Einrichtungen ausgestattet sein, in denen der Arbeitnehmer seine Kleidung unzugänglich für andere ... aufbewahren kann...

(6) Wenn Umkleideräume ... nicht erforderlich sind, müssen für jeden Arbeitnehmer eine Kleiderablage und ein abschließbares Fach zur Aufbewahrung persönlicher Wertgegenstände vorhanden sein.

Anforderungen an Räume und Einrichtungen 6

Nebenräume 6.7

Abstellräume für Wohnungen
MBO § 45

(3) Jede Wohnung muß ... über einen Abstellraum verfügen. Der Abstellraum muß mindestens 6 m² für jede Wohnung groß sein; davon muß eine Abstellfläche von mindestens 1 m² innerhalb der Wohnung liegen.

(4) Für Wohngebäude mit mehr als drei Vollgeschossen sollen leicht erreichbare und gut zugängliche Abstellräume für Kinderwagen und Fahrräder hergestellt werden.

Abstellräume in barrierefreien Wohnungen (Rollstuhlabstellplatz)
DIN 18 025 T1

6.5 Für jeden Rollstuhlbenutzer ist ein Rollstuhlabstellplatz, vorzugsweise im Eingangsbereich des Hauses oder vor der Wohnung, zum Umsteigen vom Straßenrollstuhl auf den Zimmerrollstuhl vorzusehen.
Der Rollstuhlabstellplatz muß mindestens 190 cm breit und 150 cm tief sein.

Abstellräume in Altenwohnungen und Altenwohnheimen
AWB NW, Anlage 1

Für Ein- und Zweipersonenwohnungen sind Abstellräume vorzusehen.

Planungsempfehlungen des BM für Raumordnung, Bauwesen und Städtebau

1.2.8 Innerhalb der Wohnung ist ein Abstellraum von mind. 1 m² Grundfläche (Tiefe mind. 50 cm, max. 101 cm Tiefe) erforderlich. Der Abstellraum sollte dem Vorraum zugeordnet werden. Türen von Abstellräumen dürfen nicht nach innen aufschlagen.
Außerhalb der Wohnung ist ein weiterer Abstellraum erforderlich; er muß ausreichend bemessen, kühl und frostsicher sein (z.B. Keller).

Abstellräume in Wohnheimen
WohnheimB NW, Anlage 1

Für eine Wohngruppe von max. 8 – 12 Behinderten muß ein Abstellraum für Putz- und Reinigungsgeräte von 1 – 2 m² vorgesehen werden.

Abstellräume in Altenheimen, Altenwohnheimen und Pflegeheimen für Volljährige
HeimMindBauV § 15

(1) In jeder Einrichtung müssen mindestens vorhanden sein:
 ... ein Abstellraum für die Sachen der Bewohner...

Abstellräume in Kindertagesstätten
KitaRi NW

Es sind erforderlich: Putzraum, Abstellräume

Trockenräume
MBO § 45

(5) Für Gebäude mit mehr als zwei Wohnungen sollen ausreichend große Trockenräume zur gemeinschaftlichen Benutzung eingerichtet werden.

Bügelräume in Altenwohnungen
Planungsempfehlungen des Kuratoriums Deutsche Altershilfe

Waschen und Trocknen im Bügelraum (zentral möglich) ca. 20 m²

Vorratsräume in Gaststätten
GastBauVO NW § 23

(4) Vorratsräume müssen unmittelbar ins Freie lüftbar sein oder eine ausreichende Lüftungsanlage haben; dies gilt nicht für Kühlräume...

Lager in Arbeitsstätten
VBG 1 § 34

Belastbarkeit und Sicherheitsabstände beachten

(1) Lager und Stapel dürfen nur so errichtet werden, daß die Belastung sicher aufgenommen werden kann.
Die zulässige Belastung je Flächeneinheit ist deutlich erkennbar und dauerhaft anzugeben.

(3) ... Gegenüber bewegten Teilen der Umgebung, wie ortsfesten oder spurgebundenen ortsveränderlichen Hebezeugen oder Fördermitteln, muß nach allen Seiten ein Sicherheitsabstand von mind. 0,50 m eingehalten werden.

VBG 1 § 2

(2) Die Breite der Gänge zwischen Lagerregalen muß der Höhe der Regale und der Art der gestapelten Waren angepaßt sein. Sie soll 1/10 der Regalhöhe plus 40 cm, mind. jedoch 65 cm betragen.

Anforderungen an Räume und Einrichtungen
Haustechnische Anlagen und Feuerungsanlagen

Wasserversorgungsanlagen
MBO § 39

(1) Gebäude mit Aufenthaltsräumen dürfen nur errichtet werden, wenn die Versorgung mit Trinkwasser dauernd gesichert ist...

Anlagen für Abwasser und Niederschlagswasser
MBO § 40

Bauliche Anlagen dürfen nur errichtet werden, wenn die einwandfreie Beseitigung der Abwasser und Niederschlagswasser dauernd gesichert ist...

Abfallschächte und Abfallsammelräume
MBO § 42

(1) Abfallschächte, ihre Einfüllöffnungen und die zugehörigen Sammelräume sind außerhalb von Aufenthaltsräumen und Treppenräumen sowie nicht an Wänden von Wohn- und Schlafräumen anzulegen...

(4) Der Abfallschacht muß in einen ausreichend großen Sammelraum münden.
Die inneren Zugänge des Sammelraumes sind mit selbstschließenden feuerbeständigen Türen zu versehen.
Der Sammelraum muß vom Freien aus zugänglich und entleerbar sein...

Anlagen für feste Abfallstoffe
MBO § 43

(1) Für die vorübergehende Aufbewahrung fester Abfallstoffe sind dichte Abfallbehälter außerhalb der Gebäude herzustellen oder aufzustellen.
Sie sollen von Öffnungen von Aufenthaltsräumen mind. 5 m, von den Nachbargrenzen mind. 2 m entfernt sein.

Hausanschlußräume
DIN 18 012

Anschlußeinrichtungen mit der die Hausleitungen an die jeweilige Anschlußleitung angeschlossen werden, sind bei der :
- Wasserversorgung: die Wasserzähleranlage
- Entwässerung: die Reinigungsöffnung des Anschlußkanals
- Starkstromversorgung: die Hausanschlußsicherung
- Fernmeldeversorgung: die Anschlußpunkte des allgemeinen Netzes der Deutschen Bundespost oder die Anschlußpunkte sonstiger Fernmeldeanlagen
- Gasversorgung: die Hauptabsperreinrichtung
- Fernwärmeversorgung: die Übergabestation

Die Hausanschlußräume müssen über allgemein zugängliche Räume, z.B. Treppenraum, Kellergang oder direkt von außen erreichbar sein. sie dürfen nicht als Durchgang zu weiteren Räumen dienen.
Hausanschlußräume müssen an der Gebäudeaußenwand liegen, durch die die Anschlußleitungen geführt werden.
Die Wände der Hausanschlußräume müssen mind. der Feuerwiderstandsklasse F 30 nach DIN 4102 T2 entsprechen.
Die Türen von Hausanschlußräumen müssen im Lichten mindestens 0,65 m breit und mindestens 1,95 m hoch sein, sofern nicht wegen des Einbaus von Betriebseinrichtungen eine größere Breite erforderlich ist. Sie müssen abschließbar sein, wobei jedoch die allgemeine Zugänglichkeit, z.B. für Feuerwehr, Ver- und Entsorgungsunternehmen, besonders zu regeln ist.
In Hausanschlußräumen mit Wasser- oder Fernwärmeanschluß ist eine ... Entwässerungsmöglichkeit vorzusehen.
Hausanschlußräume müssen eine Lüftungsmöglichkeit direkt ins Freie haben.
Die Größe und die Anzahl der Hausanschlußräume richtet sich nach der Anzahl der vorgesehenen Anschlüsse, der Anzahl der zu versorgenden Verbraucher und nach der Art und Größe der Betriebseinrichtungen, die in den Hausanschlußräumen untergebracht werden sollen.
Die Größe ist so zu planen, daß vor Anschluß- und Betriebseinrichtungen stets eine Bedienungs- und Arbeitsfläche mit einer Tiefe von mindestens 1,2 m vorhanden ist.
Ein Hausanschlußraum für den Anschluß bis etwa 30 Wohneinheiten – bei Fernwärmeanschluß bis etwa 10 Wohneinheiten – muß im Lichten mindestens

1,8 m breit,
2,0 m lang und
2,0 m hoch sein.

Ein Hausanschlußraum für den Anschluß bis etwa 60 Wohneinheiten – bei Fernwärme bis etwa 30 Wohneinheiten – muß im Lichten mindestens

1,8 m breit,
3,5 m lang und
2,0 m hoch sein.

Hausanschlussräume
- *an der Gebäudeaußenwand*
- *nicht als Durchgangsraum*
- *mit Entwässerungsmöglichkeit*
- *Lüftungsmöglichkeit nach außen*

Anforderungen an Räume und Einrichtungen

Haustechnische Anlagen und Feuerungsanlagen

6.8

DIN 18 012 (Fortsetzung)

Die freie Durchgangshöhe unter Leitungen und ähnlichem darf im Hausanschlußraum nicht kleiner als 1,8 m sein.

Bei unterirdischer Einführung der Anschlußleitungen sollen die in der Tabelle angegebenen Tiefen unter der Geländeoberfläche eingehalten werden.

Art der Leitung	Tiefe unter Geländeoberfläche in m
Wasser	1,2 bis 1,5
Starkstrom	0,6 bis 0,8
Fernmelde	0,35 bis 0,6
Gas	0,5 bis 1,0
Fernwärme	0,6 bis 1,0

Feuerungsanlagen, Wärme- und Brennstoffversorgungsanlagen
MBO § 38

(3) Feuerstätten, ortsfeste Verbrennungsmotoren und Verdichter sowie Behälter für brennbare Gase und Flüssigkeiten dürfen nur in Räumen aufgestellt werden, bei denen nach Lage, Größe, baulicher Beschaffenheit und Benutzungsart Gefahren nicht entstehen.

(4) Die Abgase der Feuerstätten sind durch Abgasanlagen über Dach, die Verbrennungsgase ortsfester Verbrennungsmotoren sind durch Anlagen zur Abführung dieser Gase über Dach abzuleiten...

(5) Die Abgase von Gasfeuerstätten mit abgeschlossenem Verbrennungsraum, denen die Verbrennungsluft durch dichte Leitungen vom Freien zuströmt (raumluftunabhängige Gasfeuerstätten) dürfen abweichend von Absatz 4 durch die Außenwand ins Freie geleitet werden, wenn

1. eine Ableitung des Abgases über Dach nicht oder nur mit unverhältnismäßig hohem Aufwand möglich ist und
2. die Nennwärmeleistung der Feuerstätte 11 kW zur Beheizung und 28 kW zur Warmwasserbereitung nicht überschreitet

und Gefahren oder unzumutbare Belästigungen nicht entstehen.

(6) Ohne Abgasanlagen sind zulässig
1. Gasfeuerstätten, wenn durch einen sicheren Luftwechsel im Aufstellraum gewährleistet ist, daß Gefahren oder unzumutbare Belästigungen nicht entstehen.
2. Gas-Haushaltskochgeräte mit einer Nennwärmeleistung von nicht mehr als 11 kW, wenn der Aufstellraum einen Rauminhalt von mehr als 20 m³ aufweist und mindestens eine Tür ins Freie oder ein Fenster, das geöffnet werden kann, hat,
3. nicht leitungsgebundene Gasfeuerstätten zur Beheizung von Räumen, die nicht gewerblichen Zwecken dienen, sowie Gas-Durchlauferhitzer, wenn diese Gasfeuerstätten besondere Sicherheitseinrichtungen haben, die die Kohlenmonoxidkonzentration im Aufstellraum so begrenzen, daß Gefahren oder unzumutbare Belästigungen nicht entstehen.

(7) Gasfeuerstätten dürfen in Räumen nur aufgestellt werden, wenn durch besondere Vorrichtungen an den Feuerstätten oder durch Lüftungsanlagen sichergestellt ist, daß gefährliche Ansammlungen von unverbranntem Gas in den Räumen nicht entsteht.

Heizräume
FeuVO NW § 14

(1) Feuerstätten für feste, flüssige oder gasförmige Brennstoffe ... mit einer Gesamtnennwärmeleistung von mehr als 50 kW dürfen nur in besonderen Räumen (Heizräumen) aufgestellt werden.

... Heizräume dürfen außer zur Lagerung fester Brennstoffe für Feuerstätten mit einer Gesamtnennwärmeleistung bis zu 150 kW oder zu Heizöllagerung gemäß § 22.1 nicht anderweitig genutzt werden.

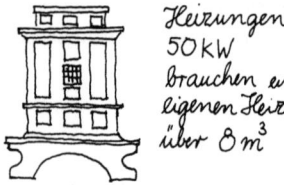

Heizungen über 50 kW brauchen einen eigenen Heizraum über 8 m³

Anforderungen an Räume und Einrichtungen
Haustechnische Anlagen und Feuerungsanlagen

Lage und Abmessungen von Heizräumen
FeuVO NW § 15

(1) Der Heizraum darf mit Aufenthaltsräumen nicht unmittelbar in Verbindung stehen.
(2) Heizräume mit Feuerstätten für feste Brennstoffe dürfen in Gebäuden mit mehr als 5 Vollgeschossen nicht oberhalb des Erdgeschosses liegen.
Heizräume mit Feuerstätten für flüssige oder gasförmige Brennstoffe sind in Gebäuden mit mehr als 5 Vollgeschossen oberhalb des Erdgeschosses nur zulässig, wenn die Feuerungsanlagen so beschaffen sind, daß ihre Betriebssicherheit durch Wind nicht beeinträchtigt werden kann.
(3) Der Heizraum muß einen Rauminhalt von mindestens 8 m³ haben und so bemessen sein, daß die Feuerstätten ordnungsgemäß bedient und gewartet werden können; ...
(4) Die lichte Höhe des Heizraumes muß mindestens 2,00 m betragen.

Wände, Decken, Fußböden von Heizräumen
FeuVO NW § 16

(1) Wände, Decken und Stützen eines Heizraumes müssen feuerbeständig sein; das gilt auch für Trennwände zwischen Heizraum und Heizöllagerraum.
(6) Bodenabläufe in Heizräumen mit Feuerstätten für flüssige Brennstoffe müssen Heizölsperren haben.

Fenster, Türen, Ausgänge von Heizräumen
FeuVO NW § 17

(1) Der Heizraum muß mindestens ein unmittelbar ins Freie führendes Fenster haben, sofern die ständige Anwesenheit eines Heizers erforderlich ist...
Das lichte Maß der Fensterfläche soll mindestens 1/12 der Grundfläche des Heizraumes betragen...
(2) Türen von Heizräumen müssen auf einen Rettungsweg führen, vom Heizraum jederzeit zu öffnen sein und zum Rettungsweg aufschlagen.
Türen in feuerbeständigen Wänden ... müssen mind. feuerhemmend und selbstschließend sein; dies gilt nicht für Türen im Keller- oder Erdgeschoß, wenn sie unmittelbar ins Freie führen.
Türen in feuerbeständigen Wänden ..., die oberhalb des Erdgeschosses unmittelbar ins Freie führen, und Türen in Trennwänden ... (aus nichtbrennbaren Baustoffen) müssen aus nicht brennbaren Baustoffen bestehen.
(3) Heizräume für Feuerstätten mit einer Gesamtnennwärmeleistung von mehr als 350 kW müssen zwei möglichst entgegengesetzt liegende Ausgänge haben; sie dürfen auf den selben Rettungsweg führen.
Einer dieser Ausgänge darf bei Heizräumen im Keller- oder Erdgeschoß als Ausstieg durch ein Fenster ausgebildet sein; ...

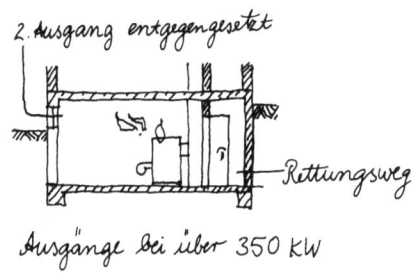

2. Ausgang entgegengesetzt — Rettungsweg
Ausgänge bei über 350 KW

Lüftungsanlagen für Heizräume
FeuVO NW § 18

(1) Heizräume müssen eine ständig wirksame Be- und Entlüftungsanlage haben...
(2) Als Belüftungsanlage muß der Heizraum mind. eine Einrichtung haben, durch die die Zuluft vom Freien angesaugt (Ansaugöffnung) wird.
(3) Die Entlüftungsanlage des Heizraumes ist so anzuordnen, daß der Betrieb der Feuerstätten nicht beeinträchtigt wird; sie muß die Abluft ins Freie fördern.

FeuVO NW § 5

(1) Feuerstätten für feste oder flüssige Brennstoffe dürfen nur in Räumen aufgestellt werden, die
- mindestens ein Fenster, das geöffnet werden kann, und einen Rauminhalt von mind. 4 m³ je KW Gesamtwärmeleistung der Feuerstätte oder
- eine ins Freie führende Zuluftöffnung von mind. 150 cm² oder
- obere und untere Lüftungsöffnungen von je mind. 150 cm² haben, die jeweils in dieselben Außenräume führen, der Aufstellraum und ... Außenräume müssen einen Gesamtrauminhalt von mind. 4 m³ je 1 kW Gesamtwärmeleistung haben, die Außenräume müssen durch Fenster gelüftet werden können.

150 cm² — Zuluftöffnungen oder Fenster

Anforderungen an Räume und Einrichtungen 6

Haustechnische Anlagen und Feuerungsanlagen 6.8

Lagerräume für feste Brennstoffe und Heizöl
FeuVO NW § 21

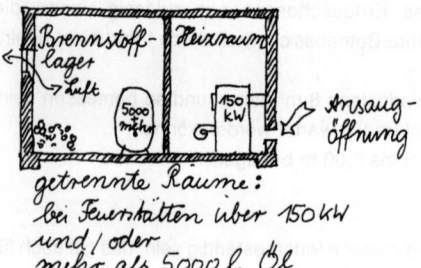

getrennte Räume:
bei Feuerstätten über 150 kW
und/oder
mehr als 5000 l Öl

(1) Werden feste Brennstoffe für Feuerstätten mit einer Gesamtnennwärmeleistung von mehr als 150 kW in Gebäuden gelagert, so ist ein besonderer Raum ohne Feuerstätten **(Brennstofflagerraum)** erforderlich, der nicht anderweitig genutzt werden darf.
Wände, Decken und Stützen der Brennstofflagerräume müssen feuerbeständig sein...
Türen von Brennstofflagerräumen, die nicht unmittelbar ins Freie führen, müssen mindestens feuerhemmend und selbstschließend sein.
Die Fußböden müssen aus nichtbrennbaren Baustoffen bestehen.
Als Trennwände zwischen Heizräumen und Brennstofflagerräumen genügen Wände aus nichtbrennbaren Baustoffen; Öffnungen in diesen Wänden sind nicht zulässig.

(2) Werden mehr als 5000 l Heizöl in Gebäuden gelagert, so ist ein besonderer Raum ohne Feuerstätte **(Heizöllagerraum)** erforderlich, der nicht anderweitig genutzt werden darf.
Die Lagermenge darf 100.000 l je Heizöllagerraum nicht überschreiten.
Der Raum muß belüftet werden können.
Der Heizöllagerraum muß feuerbeständige Wände und Decken haben.
Fußböden sowie Einbauten und Unterteilungen dieses Raumes müssen aus nichtbrennbaren Baustoffen bestehen.
Türen, die nicht unmittelbar ins Freie führen, müssen mind. feuerhemmend und selbstschließend sein.

Heizöllagerung in Gebäuden außerhalb von Heizöllagerräumen
FeuVO NW § 22

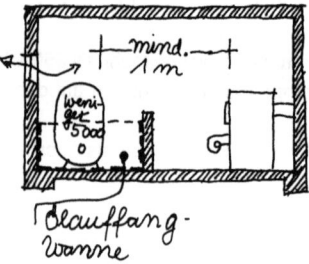

Ölauffang-
wanne

(1) In Gebäuden darf Heizöl außerhalb von Heizöllagerräumen gelagert werden:
In Wohnungen
– in Kanistern bis zu 40 l je Wohnung,
– in ortsfesten Behältern bis zu 100 l je Wohnung.
Außerhalb von Wohnungen in Räumen ohne Feuerstätten
– in Kanistern bis zu 1000 l je Gebäude,
– in Fässern und ortsfesten Behältern bis zu 5000 l je Gebäude,
  wenn die Räume ... (dem Brandschutz entsprechend) ölundurchlässige Fußböden haben.
Außerhalb von Wohnungen in Räumen mit Feuerstätten
in ortsfesten Behältern bis zu 5000 l je Raum, wenn
– der Raum die Anforderungen (an Heizöllagerräume) erfüllt, nicht anderweitig genutzt wird und nach § 10 FeuVO (betr. Notschalter usw.) ausgerüstet ist,
– die Feuerstätten außerhalb des Auffangraumes für Heizöl stehen,
– die Behälter von der Feuerungsanlage einen Abstand von mind. 1 m haben.
(Weitere Bestimmungen zur Lagerung von Heizöl bis zu 5000 l je Gebäude mit Angaben zur Brandbekämpfung und Bereithaltung von Löschmitteln sind in der FeuVO § 22 enthalten.)

Anforderungen an Räume und Einrichtungen
Garagen, Stellplätze

Stellplätze und Garagen
MBO § 48

(1) Bauliche Anlagen ..., bei denen Kraftfahrzeugverkehr zu erwarten ist, dürfen nur errichtet werden, wenn Stellplätze oder Garagen in ausreichender Größe sowie in geeigneter Beschaffenheit hergestellt werden (notwendige Stellplätze oder Garagen).
Ihre Zahl und Größe richtet sich nach Art und Zahl der vorhandenen und zu erwartenden Kraftfahrzeuge der ständigen Benutzer und der Besucher der Anlagen...

(5) Die Stellplätze und Garagen sind auf dem Baugrundstück oder in der näheren Umgebung davon auf einem geeigneten Grundstück herzustellen, dessen Benutzung für diesen Zweck öffentlich-rechtlich gesichert ist.

(9) Stellplätze und Garagen müssen so angeordnet und ausgeführt werden, daß ihre Benutzung die Gesundheit nicht schädigt und das Arbeiten und Wohnen, die Ruhe und die Erholung in der Umgebung durch Lärm oder Gerüche nicht über das zumutbare Maß hinaus stört.

(10) Notwendige Stellplätze und Garagen dürfen nicht zweckentfremdet benutzt werden.

Garagen in Abstandflächen
MBO § 6

(11) In den Abstandflächen eines Gebäudes sowie ohne eigene Abstandflächen sind Garagen einschließlich Abstellraum bis zu 8 m Länge je Nachbargrenze und einer mittleren Wandhöhe bis zu 3 m über der festgelegten Geländeoberfläche zulässig, wenn an die Nachbargrenze gebaut wird.

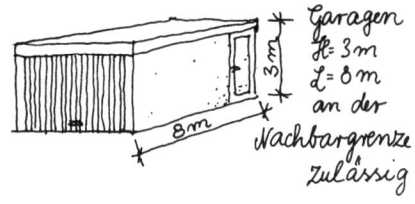

Begriffe
GarVO NW § 2

(1) Es sind Garagen mit einer Nutzfläche:
bis 100 m²: Kleingaragen
über 100 m² bis 1000 m²: Mittelgaragen
über 1000 m²: Großgaragen

Zu- und Abfahrten
GarVO NW § 3

(1) Zwischen Garagen und öffentlichen Verkehrsflächen müssen Zu- und Abfahrten von mind. 3 m Länge vorhanden sein.

(2) Vor den die freie Zufahrt zur Garage zeitweilig behindernden Anlagen, wie Schranken und Tore, muß ein Stauraum für wartende Kraftfahrzeuge vorhanden sein...

(3) Die Fahrbahnen von Zu- und Abfahrten ... müssen mind. 2,75 m breit sein...

(7) Für Zu- und Abfahrten von Stellplätzen gelten die Absätze (2) und (3) sinngemäß.

Rampen
GarVO NW § 4

(1) Rampen ... dürfen nicht mehr als 15 % geneigt sein, die Fahrbahnbreite muß mind. 2,75 m betragen...

Einstellplätze, Verkehrsflächen
GarVO NW § 6

(1) Ein Einstellplatz muß mind. 5 m lang sein.
Seine Breite muß mindestens betragen:
- 2,30 m, wenn keine Längsseite,
- 2,40 m, wenn eine Längsseite,
- 2,50 m, wenn beide Längsseiten
einen Abstand ≤ 10 cm von Wänden, Stützen oder anderen Bauteilen aufweist.
- 3,50 m, wenn der Einstellplatz für Behinderte bestimmt ist.

(3) Fahrgassen in Mittel- und Großgaragen müssen ... mind. 2,75 m, bei Gegenverkehr mind. 5 m breit sein.

Lichte Höhe von Garagen
GarVO § 9

(4) Allgemein begehbare Bereiche in Mittel- und Großgaragen müssen, auch unter Lüftungsleitungen, Unterzügen und sonstigen Bauteilen, eine lichte Höhe von mind. 2 m aufweisen.

Anforderungen an Räume und Einrichtungen
Garagen, Stellplätze 6.9

Richtzahlen für Stellplatzbedarf
VV BauO NW
(Auszug aus der Tabelle)

Einfamilienhäuser	1–2	Stpl. je Wohnung
Mehrfamilienhäuser	1–1,5	Stpl. je Wohnung
Altenwohnungen	0,2	Stpl. je Wohnung
Studentenwohnheime	1	Stpl. je 2–3 Betten
Schwesternwohnheime	1	Stpl. je 3–5 Betten
Altenwohnheime	1	Stpl. je 8–15 Betten
Läden	1	Stpl. je 30–40 m² Nutzfläche
Gaststätten (örtl. Bedeutung)	1	Stpl. je 8–12 Sitzplätze
(überörtl. Bedeutung)	1	Stpl. je 4–8 Sitzplätze
Altenpflegeheime	1	Stpl. je 6–10 Betten
Grundschulen	1	Stpl. je 30 Schüler
allg. bild. Schulen	1	Stpl. je 25 Schüler, zusätzlich
	1	Stpl. je 5–10 Schüler über 18 Jahre
Kindergärten	1	Stpl. je 20–30 Kinder
Jugendfreizeitheime	1	Stpl. je 15 Besucher
Handwerks- und Industriebetriebe	1	Stpl. je 50–70 m² Nutzfläche oder je 3 Beschäftigte

Garagen für Rollstuhlbenutzer
DIN 18 025 T1

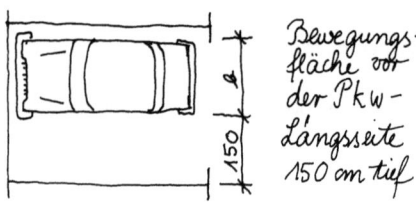

Bewegungsfläche vor der Pkw-Längsseite 150 cm tief

Für jede Wohnung von Rollstuhlbenutzern ist ein wettergeschützter Stellplatz oder eine Garage vorzusehen.
Die Bewegungsfläche vor einer Längsseite des Kraftfahrzeugs muß mindestens 150 cm tief sein.
Der Weg zur Wohnung sollte kurz und wettergeschützt sein.

Anforderungen an Bauwerksteile   7

Gründungen   7.1

Gründungen
DIN 1054

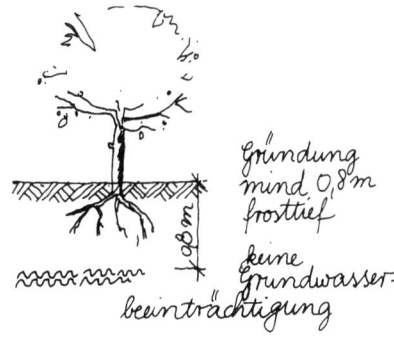

- Die Gründungssohle muß frostfrei liegen, mindestens aber 0,80 m unter Gelände.
  Hiervon darf abgewichen werden
- bei Bauwerken von untergeordneter Bedeutung (z.B. Einzelgaragen, einstöckige Schuppen, Bauwerken für vorübergehende Zwecke u.ä.) und geringer Flächenbelastung,
- bei Gründungen auf nicht angewittertem Fels in gleichmäßig fest gelagertem Verband.

Die Einbindetiefe ist abhängig von der zulässigen Bodenpressung und der Fundamentbreite (siehe Tabellen in DIN 1054).

Wände, Stützen, Pfeiler, Unterzüge, Balken   7.2

Brandbelastung   7.2.1

Brandwände
LBO BW § 26

(2) Brandwände sind zu errichten, soweit die Verbreitung von Feuer verhindert werden muß und dies aus besonderen Gründen auf andere Weise nicht gewährleistet ist, insbesondere wegen geringer Abstände zu Grundstücksgrenzen und zu anderen Gebäuden, zwischen aneinandergereihten Gebäuden, innerhalb ausgedehnter Gebäude oder bei baulichen Anlagen mit erhöhter Brandgefahr. Brandwände müssen so beschaffen und angeordnet sein, daß sie bei einem Brand ihre Standsicherheit nicht verlieren und der Verbreitung von Feuer entgegenwirken.

nach MBO § 28

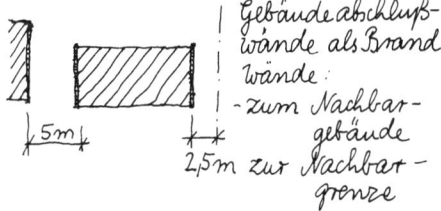

(1) Brandwände sind herzustellen:
  1. als Gebäudeabschlußwand bei einem Abstand zur Nachbargrenze von 2,50 m oder Mindestabstand zu Gebäuden von 5 m,
  2. zur Unterteilung von Gebäuden oder aneinander gereihten Gebäuden von max. 40 m,
  3. als Trennung von Wohngebäuden (Gebäudetrennwände) und landwirtschaftlichen Betriebsgebäuden.
  Für Wohngebäude geringer Höhe können Ausnahmen gestattet werden, wenn wegen des Brandschutzes Bedenken nicht bestehen.

(2) Dies gilt nicht für seitliche Wände von Vorbauten, die nicht mehr als 1,5 m vor das Nachbargebäude vortreten und einen Abstand einhalten, der ihrer eigenen Ausladung entspricht oder mind. 1 m beträgt.

Feuerwiderstandsdauer (in min)
F 90 - F 180 : feuerbeständig
F 30 - F 60 : feuerhemmend

(3) Brandwände müssen feuerbeständig und aus nichtbrennbaren Baustoffen bestehen. Sie dürfen bei einem Brand ihre Standsicherheit nicht verlieren und müssen die Verbreitung von Feuer auf andere Gebäude oder Gebäudeabschnitte verhindern.

(4) Brandwände müssen in einer Ebene durchgehend sein. Ein geschoßweiser Versatz kann zugelassen werden, wenn ... eine Brandübertragung in andere Brandabschnitte nicht zu befürchten ist.

Anforderungen an Bauwerksteile
Wände, Stützen, Pfeiler, Unterzüge, Balken
Brandbelastung

nach MBO § 28 (Fortsetzung)

Baustoffklassen
A: nicht brennbar
B1: schwer entflammbar
B2: normal entflammbar
B3: leicht entflammbar

Brandwände in Eckgebäuden

mind. 30 cm über Dach

in einer Ebene durchgehend

Brandwände aus Lehm
DIN 18 951 Bl. 1, Bl. 2 § 12

Tragende Wände, Pfeiler und Stützen
MBO § 25

Tragende Bauelemente gegen Feuer schützen!

Außenwände
MBO § 26

Trennwände (Wohnungstrennwände)
MBO § 27

Trennwände ohne Öffnungen:
F 90: zwischen Wohnungen
F 30: im Dach und bei Gebäuden geringer Höhe

(5) Müssen auf einem Grundstück Gebäude oder Gebäudeteile, die übereck zusammenstoßen, durch eine Brandwand getrennt werden, so muß der Abstand der Bandwand von der inneren Ecke mindestens 5 m betragen. Dies gilt nicht, wenn die Gebäude oder Gebäudeteile in einem Winkel von mehr als 120° übereck zusammenstoßen.

(6) Brandwände sind mindestens 30 cm über Dach zu führen oder in Höhe der Dachhaut mit einer beiderseits mindestens 50 cm auskragenden feuerbeständigen Platte aus nichtbrennbaren Baustoffen abzuschließen; darüber dürfen brennbare Teile des Daches nicht hinweggeführt werden. Bei Gebäuden geringer Höhe sind Brandwände sowie Wände, die anstelle von Brandwänden zulässig sind, mindestens bis unmittelbar unter die Dachhaut zu führen.

(7) ... Bauteile dürfen in Brandwände nur soweit eingreifen, daß der verbleibende Wandquerschnitt feuerbeständig bleibt; für Leitungen, Leitungsschlitze und Schornsteine gilt dies entsprechend.

(8) Öffnungen in Brandwänden sind unzulässig. Ausnahmen können gestattet werden, wenn der Brandschutz durch feuerbeständige, selbstschließende Abschlüsse oder andere Weise gesichert ist.

(9) In inneren Brandwänden können Teilflächen aus lichtdurchlässigen, nichtbrennbaren Baustoffen gestattet werden, wenn diese Flächen feuerbeständig sind.

(8) Brandwände sind aus Lehm zulässig, wenn sie ohne Holz und frei von Holzeinbindungen massiv ausgeführt werden. Sie müssen 38 cm dick sein. Für die Anordnung von Brandwänden gelten die allgemeinen Bauvorschriften.

(1) Tragende Wände, Pfeiler und Stützen sind feuerbeständig, in Gebäuden geringer Höhe mindestens feuerhemmend herzustellen. Dies gilt nicht für oberste Geschosse von Dachräumen.

(2) Im Keller sind tragende Wände, Pfeiler und Stützen feuerbeständig, bei Wohngebäuden geringer Höhe mit nicht mehr als zwei Wohnungen mindestens feuerhemmend und in den wesentlichen Teilen aus nichtbrennbaren Baustoffen herzustellen.

(3) Absätze 1 und 2 gelten nicht für freistehende Wohngebäude mit nicht mehr als einer Wohnung, deren Aufenthaltsräume in nicht mehr als zwei Geschossen liegen, sowie für andere freistehende Gebäude ähnlicher Größe und freistehende landwirtschaftliche Betriebsgebäude.

(1) Nichttragende Außenwände und nichttragende Teile tragender Außenwände sind, außer bei Gebäuden geringer Höhe, aus nichtbrennbaren Baustoffen oder mindestens feuerhemmend herzustellen.

(2) Oberflächen von Außenwänden sowie Außenwandverkleidungen einschließlich der Dämmstoffe und Unterkonstruktionen sind aus schwerentflammbaren Baustoffen herzustellen; Unterkonstruktionen aus normalentflammbaren Baustoffen können gestattet werden, wenn Bedenken wegen des Brandschutzes nicht bestehen. Bei Gebäuden geringer Höhe sind, unbeschadet § 6 Abs. 8, Außenwandverkleidungen einschließlich der Dämmstoffe und Unterkonstruktionen aus normalentflammbaren Baustoffen zulässig, wenn durch geeignete Maßnahmen eine Brandausbreitung auf angrenzende Gebäude verhindert wird.

(1) Zwischen Wohnungen sowie zwischen Wohnungen und fremden Räumen sind feuerbeständige, in obersten Geschossen von Dachräumen und in Gebäuden geringer Höhe mindestens feuerhemmende Trennwände herzustellen.
Bei Gebäuden mit mehr als zwei Wohnungen sind die Trennwände bis zur Rohdecke oder bis unter die Dachhaut zu führen; dies gilt auch für Trennwände zwischen Wohngebäuden und landwirtschaftlichen Betriebsgebäuden sowie zwischen dem landwirtschaftlichen Betriebsteil und dem Wohnteil eines Gebäudes.

(2) Außer bei Wohngebäuden geringer Höhe mit nicht mehr als zwei Wohnungen sind Öffnungen in Trennwänden zwischen Wohnungen sowie zwischen Wohnungen und fremden Räumen unzulässig. Sie können gestattet werden, wenn die Nutzung des Gebäudes dies erfordert und die Öffnungen mit mindestens feuerhemmenden, selbstschließenden Abschlüssen versehen sind oder der Brandschutz auf andere Weise sichergestellt ist.

Anforderungen an Bauwerksteile
Wände, Stützen, Pfeiler, Unterzüge, Balken
Brandbelastung

Anforderungstabelle Brandverhalten
BauO NW § 29

(1) Wände, Stützen und Pfeiler sowie deren Bekleidungen und Dämmstoffe müssen ... hinsichtlich ihres Brandverhaltens nachfolgende Mindestanforderungen erfüllen:

	Freistehende Wohngebäude mit nicht mehr als einer Wohnung	Wohngebäude geringer Höhe mit nicht mehr als zwei Wohnungen	Gebäude geringer Höhe	Sonstige Gebäude außer Hochhäusern
Gebäudetrennwände	–	F 90 – AB	Brandwand	Brandwand
Gebäudeabschlußwände	–	F 90 – AB	Brandwand	Brandwand
Wohnungstrennwände	–	F 30	F 30	F 90 – AB
nichttragende Außenwände sowie nichttragende Teile von Außenwänden	keine	keine	keine	A oder F 30
tragende und aussteifende Wände, Stützen und Pfeiler	keine	F 30	F 30	F 90 – AB
tragende und aussteifende Wände, Stützen und Pfeiler in Kellergeschossen	keine	F 30 – AB	F 90 – AB	F 90 – AB
Oberflächen von Außenwänden, Außenwandbekleidungen und Dämmstoffe in Außenwänden	keine	keine 1)	keine 1)	B1

1) hier muß durch geeignete Maßnahmen eine Brandausbreitung auf Nachbargebäude verhindert werden.

Wände in Heizräumen
FeuVO NW § 16

(1) Wände, Decken und Stützen des Heizraumes müssen feuerbeständig sein. Als Trennwände zwischen dem Heizraum und zum Betrieb der Feuerungsanlage gehörenden Räumen, ausgenommen Trennwände zwischen Heizraum und Heizöllagerraum, genügen Wände aus nichtbrennbaren Baustoffen.

(4) Zwischenräume von Decken-, Wand- und Fußbodendurchbrüchen für Heizrohre oder andere Leitungen sind mit nichtbrennbaren Baustoffen auszufüllen...

Anforderungen an Bauwerksteile

Wände, Stützen, Pfeiler, Unterzüge, Balken

Brandbelastung

Wände, raumabschließend, Mindestdicken
DIN 4102 T4

Die Werte gelten für raumabschließende Wände mit **einseitiger** Brandbeanspruchung.
Die Werte in Klammern gelten für beidseitig mit Mörtelgruppe P II, P IV oder mit Leichtmörtel nach DIN 18 550 verputzte Wandkonstruktionen (gemessen ohne Putz).

Konstruktion		Mindestdicke d in mm bei Feuerwiderstandsklasse				
		F 30-A	F 60-A	F 90-A	F 120-A	F 180-A
Tragende Wände						
Normalbeton, bewehrt und unbewehrt Tabelle 35 bei Ausnutzungsfaktor von	$\alpha_1 = 0{,}1$	80 (80)	90 (80)	100 (80)	120 (80)	150 (80)
	$\alpha_1 = 0{,}5$	100 (80)	110 (80)	120 (80)	150 (80)	180 (80)
Porenbeton-Blocksteine, Rohdichteklasse ≥ 0,5 Tabelle 39 bei Ausnutzungsfaktor von	$\alpha_2 = 0{,}2$	115 (115)	115 (115)	115 (115)	115 (115)	150 (115)
	$\alpha_2 = 0{,}6$	115 (115)	115 (115)	150 (115)	175 (150)	200 (175)
Hohlblöcke, Vollsteine aus Leichtbeton Tabelle 39 bei Ausnutzungsfaktor von	$\alpha_2 = 0{,}2$	115 (115)	115 (115)	115 (115)	140 (115)	140 (115)
	$\alpha_2 = 0{,}6$	140 (115)	140 (115)	175 (115)	175 (140)	190 (175)
Porenbetontafeln, bewehrt Tabelle 44 bei Ausnutzungsfaktor von	$\alpha_4 = 0{,}5$	150 (125)	175 (150)	200 (175)	225 (200)	240 (225)
	$\alpha_4 = 1{,}0$	175 (150)	200 (175)	225 (200)	250 (225)	300 (250)
Mauerziegel außer Leichthochlochziegel Tabelle 39 bei Ausnutzungsfaktor von	$\alpha_2 = 0{,}2$	115 (115)	115 (115)	115 (115)	115 (115)	175 (140)
	$\alpha_2 = 0{,}6$	115 (115)	115 (115)	140 (115)	175 (115)	240 (140)
Kalksandsteine Tabelle 39 bei Ausnutzungsfaktor von	$\alpha_2 = 0{,}2$	115 (115)	115 (115)	115 (115)	115 (115)	175 (140)
	$\alpha_2 = 0{,}6$	115 (115)	115 (115)	115 (115)	140 (115)	200 (140)
Nichttragende Wände						
Normalbeton, bewehrt und unbewehrt Tabelle 35		80 (60)	90 (60)	100 (60)	120 (60)	150 (60)
Porenbeton-Blocksteine oder -Bauplatten Tabelle 38		75 (50)	75 (75)	100 (75)	115 (75)	150 (115)
Hohlblöcke, Vollsteine und Wandbauplatten aus Leichtbeton Tabelle 38		50 (50)	70 (50)	95 (70)	115 (95)	140 (115)

Anforderungen an Bauwerksteile   7

Wände, Stützen, Pfeiler, Unterzüge, Balken   7.2

Brandbelastung   7.2.1

Nichttragende Wände (Fortsetzung)					
Porenbetonplatten, bewehrt *Tabelle 44*	75 (75)	75 (75)	100 (100)	125 (100)	150 (125)
Mauerziegel außer Leichthochlochziegel *Tabelle 38*	115 (70)	115 (70)	115 (100)	140 (115)	175 (140)
Kalksandsteine *Tabelle 38*	70 (50)	115 (70)	115 (100)	115 (115)	175 (140)
Wandbauplatten aus Gips	60	80	80	80	100

Wände, nichtraumabschließend, Mindestdicken
DIN 4102 T4

Die Werte gelten für nichtraumabschließende Wände mit **mehrseitiger** Brandbeanspruchung. Die Werte in Klammern gelten für beidseitig mit Mörtelgruppe P II, P IV oder mit Leichtmörtel nach DIN 18 550 verputzte Wandkonstruktionen (gemessen ohne Putz).

Konstruktion		Mindestdicke d in mm bei Feuerwiderstandsklasse				
		F 30-A	F 60-A	F 90-A	F 120-A	F 180-A
Tragende Wände						
Porenbeton-Blocksteine, Rohdichteklasse ≥ 0,5 *Tabelle 40* bei Ausnutzungsfaktor von	$\alpha_2 = 0{,}2$	115 (115)	150 (115)	150 (115)	150 (115)	175 (115)
	$\alpha_2 = 0{,}6$	150 (115)	175 (150)	175 (150)	175 (150)	240 (175)
Hohlblöcke, Vollsteine aus Leichtbeton *Tabelle 40* bei Ausnutzungsfaktor von	$\alpha_2 = 0{,}2$	115 (115)	140 (115)	140 (115)	140 (115)	175 (115)
	$\alpha_2 = 0{,}6$	140 (115)	175 (140)	190 (175)	240 (190)	240 (240)
Mauerziegel außer Leichthochlochziegel *Tabelle 40* bei Ausnutzungsfaktor von	$\alpha_2 = 0{,}2$	115 (115)	115 (115)	175 (115)	240 (115)	240 (175)
	$\alpha_2 = 0{,}6$	115 (115)	115 (115)	175 (115)	240 (115)	300 (200)
Kalksandsteine *Tabelle 40* bei Ausnutzungsfaktor von	$\alpha_2 = 0{,}2$	115 (115)	115 (115)	115 (115)	140 (115)	175 (140)
	$\alpha_2 = 0{,}6$	115 (115)	115 (115)	140 (115)	175 (115)	200 (175)

Anforderungen an Bauwerksteile 7
Wände, Stützen, Pfeiler, Unterzüge, Balken 7.2
Brandbelastung 7.2.1

Brandwände, Mindestdicken
DIN 4102 T4
Tabelle 45

Die Werte gelten für Brandwände mit **einseitiger** Brandbeanspruchung.
Die Werte in Klammern gelten für beidseitig mit Mörtelgruppe P IV oder mit Leichtmörtel nach DIN 18 550 verputzte Wandkonstruktionen (gemessen ohne Putz).
Die zulässige Schlankheit für Beton (DIN 1045), Porenbeton (nach Zulassungsbescheid) und Mauerwerk (DIN 1053 T1, T2) sowie die Mindestachsabstände der Bewehrungsstäbe sind zu berücksichtigen.

Konstruktion	Mindestwanddicke d in mm bei Brandwänden	
	einschalig	zweischalig
Normalbeton unbewehrt	200	2 x 180
bewehrt — tragende Wandtafeln	140	2 x 120 [1]
nicht tragende Wandtafeln	120	2 x 100
Porenbeton, bewehrt, Festigkeitsklasse 4.4, Rohdichteklasse $\geq 0{,}7$ — tragende, stehende Wandtafeln	200 [1]	2 x 200 [1]
nicht tragende Wandtafeln	175	2 x 175
Porenbeton-Blocksteine Rohdichteklasse $\geq 0{,}6$	300	2 x 240
Rohdichteklasse $\geq 0{,}6$ bei Verwendung von Dünnbettmörtel	240	2 x 175
Hohlblöcke aus Leichtbeton Rohdichteklasse $\geq 0{,}8$	240 (175)	2 x 175 (2 x 175)
Rohdichteklasse $\geq 0{,}6$	300 (240)	2 x 240 (2 x 175)
Mauerziegel außer Leichthochlochziegel Rohdichteklasse $\geq 1{,}4$	240	2 x 175
Rohdichteklasse $\geq 1{,}0$	300 (240)	2 x 200 (2 x 175)
Kalksandsteine Rohdichteklasse $\geq 1{,}4$	240	2 x 175
Rohdichteklasse $\geq 0{,}9$	300 (300)	2 x 200 (2 x 175)
Rohdichteklasse $= 0{,}8$	300	2 x 240 (2 x 175)

[1] sofern infolge hohen Ausnutzungsfaktors keine größeren Werte gefordert werden

Anforderungen an Bauwerksteile

Wände, Stützen, Pfeiler, Unterzüge, Balken

Brandbelastung

Stützen und Pfeiler aus Beton und Mauerwerk, Mindestabmessungen
DIN 4102 T4

Die Werte in Klammern gelten für allseitig mit Mörtelgruppe P II, P IV oder mit Leichtmörtel nach DIN 18 550 verputzte Stützen und Pfeiler. Putzträger für Stahlbetonstützen: Maschendraht.

Konstruktion		Mindestabmessungen *d/b* in mm bei Feuerwiderstandsklasse				
		F 30-A	F 60-A	F 90-A	F 120-A	F 180-A
Stahlbeton, Normalbeton *Tabelle 31* mehrseitige Brandbeanspruchung, bei Ausnutzungsfaktor von	$\alpha_1 = 0{,}3$	150/ ≥150 (140/ ≥140)	150/ ≥150 (140/ ≥140)	180/ ≥180 (160/ ≥160)	200/ ≥200 (220/ ≥220)	240/ ≥240 (320/ ≥320)
	$\alpha_1 = 0{,}7$	150/ ≥150 (140/ ≥140)	180/ ≥180 (140/ ≥140)	210/ ≥210 (160/ ≥160)	250/ ≥250 (220/ ≥220)	320/ ≥320 (320/ ≥320)
einseitige Brandbeanspruchung		100/ ≥100 (140/ ≥140)	120/ ≥120 (140/ ≥140)	140/ ≥140 (160/ ≥160)	160/ ≥160 (220/ ≥220)	200/ ≥200 (320/ ≥320)
Porenbeton-Blocksteine, Rohdichteklasse ≥ 0,5 *Tabelle 41* mehrseitige Brandbeanspruchung, bei Ausnutzungsfaktor	$\alpha_2 = 0{,}6$	175/365	175/365	175/490	175/490	175/615
		240/240	240/240	240/300	240/365	240/615
		300/240	300/240	300/240	300/300	300/490
		365/240	365/240	365/240	365/240	365/365
Hohlblöcke, Vollsteine aus Leichtbeton *Tabelle 41* mehrseitige Brandbeanspruchung, bei Ausnutzungsfaktor von	$\alpha_2 = 0{,}6$	175/240	175/365	175/490	175/1000	175/1000
		240/175	240/240	240/300	240/365	240/490
		300/190	300/240	300/240	300/300	300/365
Mauerziegel außer Leichthochlochziegel *Tabelle 41* mehrseitige Brandbeanspruchung, bei Ausnutzungsfaktor	$\alpha_2 = 0{,}6$	175/490 (175/240)	175/615 (175/240)	175/730 (175/240)	175/990 (175/300)	175/1000 (175/1000)
		240/200 (240/175)	240/240 (240/175)	240/300 (240/175)	240/365 (240/240)	240/490 (240/300)
		300/200 (300/175)	300/200 (300/175)	300/240 (300/175)	300/365 (300/175)	300/490 (300/240)
Kalksandsteine *Tabelle 41* mehrseitige Brandbeanspruchung, bei Ausnutzungsfaktor	$\alpha_2 = 0{,}6$	175/240	175/240	175/240	175/240	175/365
		240/175	240/175	240/175	240/175	240/300

Anforderungen an Bauwerksteile

7.2 Wände, Stützen, Pfeiler, Unterzüge, Balken

7.2.1 Brandbelastung

Unterzüge und Balken aus Beton, Mindestbreiten
DIN 4102 T4
Tabelle 7

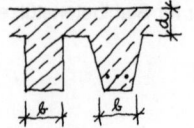

Die Werte gelten für **dreiseitig** brandbeanspruchte, statisch unbestimmt gelagerte Stahlbeton- und Spannbetonbalken aus Normalbeton.
Die Werte in Klammern gelten für dreiseitig mit Mörtelgruppe P II oder P IV nach DIN 18 550 verputzte Unterzüge und Balken.

Konstruktion		Mindestbreite b in mm bei Feuerwiderstandsklasse				
		F 30-A	F 60-A	F 90-A	F 120-A	F 180-A
Stahlbeton- und Spannbetonbalken mit crit $T \geq 450$ °C in der Biegezugzone		80 (80)	120 (80)	150 (80)	220 (80)	400 (80)
Spannbetonbalken mit crit $T = 350$ °C in der Biegezugzone		120 (80)	160 (80)	190 (80)	240 (80)	400 (80)
Stahlbeton- und Spannbetonbalken in der Druck- oder Biegedruckzone bei	$d/b \geq 2$	90 (80)	100 (80)	150 (80)	220 (80)	400 (80)
	$d/b \geq 2$	110 – 140 (80)	120 – 140 (80)	170 (80)	240 (80)	400 (80)

Stützen und Balken aus Holz, Mindestbreiten
DIN 4102 T4

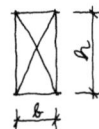

Die Werte gelten für unbekleidete Stützen und Balken aus Nadelholz. Sie sind abhängig von der statischen Beanspruchung.

Konstruktion		Mindestbreite b in mm bei Seitenverhältnis h/b					
		1,0		2,0		4,0	
		\multicolumn{6}{c}{bei Feuerwiderstandsklasse}
		F 30-B	F 60-B	F 30-B	F 60-B	F 30-B	F 60-B
Vollholz, dreiseitige Brandbeanspruchung Tabelle 74 bei Spannweite s	2,0 m	80 – 163	–	80 – 151	–	–	–
	4,0 m	80 – 194	–	80 – 182	–	–	–
	6,0 m	83 – 206	–	83 – 185	–	–	–
Vollholz, vierseitige Brandbeanspruchung Tabelle 75 bei Spannweite s	2,0 m	86 – 187	–	80 – 161	–	–	–
	4,0 m	86 – 219	–	80 – 193	–	–	–
	6,0 m	87 – 237	–	84 – 204	–	–	–
Brettschichtholz, dreiseitige Brandbeanspruchung Tabelle 76, Tabelle 77, Tabelle 80, Tabelle 81 bei Spannweite s	2,0 m	80 – 148	120 – 230	80 – 139	120 – 214	80 – 135	120 – 207
	4,0 m	80 – 169	120 – 284	80 – 158	121 – 269	80 – 153	130 – 262
	6,0 m	83 – 169	121 – 324	83 – 158	127 – 306	83 – 153	139 – 298
Brettschichtholz, vierseitige Brandbeanspruchung Tabelle 78, Tabelle 79, Tabelle 82, Tabelle 83 bei Spannweite s	2,0 m	80 – 169	146 – 269	80 – 147	120 – 228	80 – 139	121 – 213
	4,0 m	80 – 202	146 – 320	80 – 168	124 – 283	80 – 157	132 – 268
	6,0 m	83 – 202	146 – 362	83 – 168	131 – 323	83 – 157	141 – 305

Anforderungen an Bauwerksteile

Wände, Stützen, Pfeiler, Unterzüge, Balken

Brandbelastung

Stützen und Balken aus Holz, Bekleidungsdicken
DIN 4102 T4
Tabelle 84

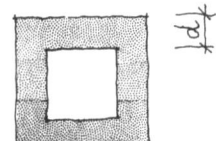

Die Werte gelten für Stützen und Balken aus Vollholz und für Stützen aus Brettschichtholz (Nadelholz).

Bekleidung	Mindestdicke d in mm bei Feuerwiderstandsklasse				
	F 30-B	F 60-B	F 90	F 120	F 180
dreiseitige Brandbeanspruchung					
Gipskarton-Feuerschutzplatten (GKF)	12,5	2 x 12,5	–	–	–
Sperrholz	15	–	–	–	–
Bretter aus Nadelholz, gespundet	24	–	–	–	–
vierseitige Brandbeanspruchung					
Gips-Wandbauplatten, Rohdichte ≥ 0,6 kg/dm³	50	50	–	–	–

Verbundträger, Mindestbreiten
DIN 4102 T4
Tabelle 103

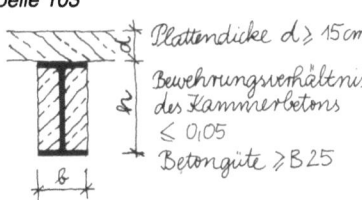

Plattendicke $d \geq 15\,cm$
Bewehrungsverhältnis des Kammerbetons $\leq 0,05$
Betongüte $\geq B\,25$

Die Werte gelten für Verbundträger mit ausbetonierten Kammern nach den Richtlinien für Stahlverbundträger, Stahlgüte S 355 (St 52-3), Beton ≥ B 25, Betonstahl BSt 500 S.

Konstruktion		Mindestbreite b in mm bei Feuerwiderstandsklasse				
		F 30-A	F 60-A	F 90-A	F 120-A	F 180-A
Ausnutzungsfaktor $\alpha_5 = 0{,}4$ bei zugehöriger Profilhöhe	$h \geq 0{,}9 \cdot \min b$	70	120	180	220	300
	$h \geq 1{,}5 \cdot \min b$	60	100	150	200	280
	$h \geq 2{,}0 \cdot \min b$	60	100	150	180	260
Ausnutzungsfaktor $\alpha_5 = 0{,}7$ bei zugehöriger Profilhöhe	$h \geq 0{,}9 \cdot \min b$	80	200	250	300	–
	$h \geq 1{,}5 \cdot \min b$	80	200	200	300	300
	$h \geq 2{,}0 \cdot \min b$	70	150	200	300	300
	$h \geq 3{,}0 \cdot \min b$	60	120	190	270	300
Ausnutzungsfaktor $\alpha_5 = 1{,}0$ bei zugehöriger Profilhöhe	$h \geq 0{,}9 \cdot \min b$	80	300	–	–	–
	$h \geq 1{,}5 \cdot \min b$	80	300	300	–	–
	$h \geq 2{,}0 \cdot \min b$	70	300	300	300	350
	$h \geq 3{,}0 \cdot \min b$	70	240	300	300	350

Anforderungen an Bauwerksteile

Wände, Stützen, Pfeiler, Unterzüge, Balken

Brandbelastung

Verbundstützen, Mindestdicken
DIN 4102 T4

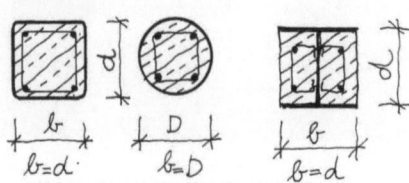

Die Werte gelten für Verbundstützen mit Beton ≥ B 25, Bewehrung aus BSt 500 S.
Die Stahlgüte der Hohlprofile ist S 235 (St 37).

Konstruktion		Mindestdicke *d* bzw. *D* in mm bei Feuerwiderstandsklasse				
		F 30-A	F 60-A	F 90-A	F 120-A	F 180-A
betongefüllte Hohlprofile *Tabelle 105* bei Ausnutzungsfaktor	$\alpha_6 = 0{,}4$	160	200	220	260	400
	$\alpha_6 = 0{,}7$	260	260	400	450	500
	$\alpha_6 = 1{,}0$	260	450	550	–	–
Stahlprofile mit ausbetonierten Seitenteilen *Tabelle 107* bei Ausnutzungsfaktor	$\alpha_6 = 0{,}4$	160	260	300	300	400
	$\alpha_6 = 0{,}7$	200	300	300	–	–
	$\alpha_6 = 1{,}0$	250	300	–	–	–

Stützen aus Stahl, Bekleidungsdicken
DIN 4102 T4

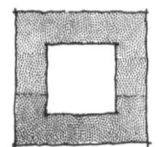

Die Werte gelten für Stahlstützen mit Profilfaktor $U/A \geq 300$ m^{-1} bei vierseitiger Brandbeanspruchung.
Die Werte in Klammern gelten für Stahlstützen aus Hohlprofilen, die vollständig ausbetoniert sind.
Die Stahlprofile werden nach Statik bemessen.

Bekleidung	Mindestdicke *d* in mm bei Feuerwiderstandsklasse				
	F 30-A	F 60-A	F 90-A	F 120-A	F 180-A
Stahlbeton, bewehrter Porenbeton *Tabelle 93*	50 (30)	50 (30)	50 (40)	60 (50)	75 (60)
Porenbeton-Blocksteine Hohlblöcke, Vollsteine aus Leichtbeton *Tabelle 93*	50 (50)	50 (50)	50 (50)	50 (50)	70 (50)
Mauerziegel außer Leichthochlochziegel, **Kalksandsteine** *Tabelle 93*	50 (50)	50 (50)	70 (50)	70 (70)	115 (70)
Gips-Wandbauplatten *Tabelle 93*	60 (60)	60 (60)	80 (60)	100 (80)	120 (100)
Gipskarton-Feuerschutzplatten (GKF) *Tabelle 95*	12,5	12,5 + 9,5	3 x 15	4 x 15	5 x 15
Putz *Tabelle 94* Mörtelgruppe P II, P IV c nach DIN 18 550	15	25	45 – 55 [1]	45 – 55 [1]	65
Mörtelgruppe P IV a, P IV b nach DIN 18 550	10	10 – 20 [1]	35 – 45 [1]	36 – 60 [1]	45 – 60 [1]

[1] Putzdicke abhängig von Profilfaktor U/A

Anforderungen an Bauwerksteile
Wände, Stützen, Pfeiler, Unterzüge, Balken
Statische Belastung

Außenwände aus Mauerwerk, tragend, einschalig
DIN 1053 T1

- Die Mindestdicke einschaliger tragender Außenwände beträgt 11,5 cm, sofern aus Gründen der Standsicherheit, der Bauphysik (Wärmedämmung) oder des Brandschutzes nicht größere Dicken erforderlich sind.
- Die Mindestmaße tragender Pfeiler betragen 11,5 cm x 36,5 cm bzw. 17,5 cm x 24 cm.
- Nicht frostwiderstandsfähige Steine müssen mit Putz oder anderem Witterungsschutz versehen werden.

Außenwände aus Mauerwerk, tragend, zweischalig
DIN 1053 T1

- Konstruktionsarten
  - mit Luftschicht (6 cm–15 cm),
  - mit Luftschicht und Wärmedämmung (Schalenabstand ≥ 15 cm),
  - mit Kerndämmung (Schalenabstand ≥ 15 cm, verfüllt mit Wärmedämmung),
  - mit Putzschicht (Putzschicht auf Innenschale, Außenschale so eng wie möglich vorgemauert).
- die Außenschalen müssen mind. 90 mm dick sein und über die ganze Länge vollflächig abgefangen sein. Die Abstände der Abfangungen durch Edelstahl-Anker sind abhängig von der Dicke der Außenschale und ihrer Lagerung.
- Bei zweischaligen Wänden darf die Decke nur auf der Innenschale aufgelagert werden.

Innenwände aus Mauerwerk, tragend
DIN 1053 T1

Tragende Innenwände sind mit einer Dicke von mind. 11,5 cm auszuführen, auf ausreichende Steifigkeit der Abfangkonstruktion ist zu achten.

Berechnungsgrundlagen, vereinfachtes Verfahren
DIN 1053 T1

Bauteil	Voraussetzungen [1]		
	Dicke d in mm	Geschoßhöhe h_s	Nutz- und Verkehrslast p in kN/m²
einschalige Außenwände	≥ 175 [2] < 240	≤ 2,75 m	≤ 5
	≥ 240	≤ 12 · d	
Tragschale (Innenschale) zweischaliger Außenwände und zweischalige Haustrennwände	≥ 115 [3] < 175 [3]	≤ 2,75 m	≤ 3 [4]
	≥ 175 < 240		
	≥ 240	≤ 12 · d	≤ 5
Innenwände	≥ 115 < 240	≤ 2,75 m	
	≥ 240	–	

1) Gebäudehöhe über Gelände nicht mehr als 20 m, Stützweite der Decken l ≤ 6,0 m
2) bei eingeschossigen Garagen und vergleichbaren Bauwerken auch d ≥ 115 mm zulässig
3) max. 2 Geschosse zuzügl. Dachgeschoß; aussteifende Querwand im Abstand ≤ 4,50 m bzw. Randabstand zu Öffnungen ≤ 2,0 m
4) einschl. Zuschlag für nichttragende innere Trennwände

Wände aus Mauerwerk, aussteifend
DIN 1053 T1

Tragende Wände gelten als ausgesteift, wenn sie rechtwinklig zur Ebene durch aussteifende Wände und Decken unverschieblich gehalten werden.
Aussteifende Wände müssen mindestens eine wirksame Länge von 1/5 der lichten Geschoßhöhe und eine Dicke von 1/3 der Dicke der aussteifenden Wand, jedoch mindestens 11,5 cm haben. Werden Decken ohne Scheibenwirkung verwendet oder werden ... Gleitschichten unter den Deckenauflagern angeordnet, so ist die horizontale Aussteifung der Wände durch Ringbalken oder statisch gleichwertige Maßnahmen sicherzustellen...

Anforderungen an Bauwerksteile
Wände, Stützen, Pfeiler, Unterzüge, Balken
Statische Belastung

DIN 1053 T1
(Fortsetzung)

In alle Außenwände und in die Querwände, die als lotrechte Scheiben der Abtragung waagerechter Lasten (z.B. Wind) dienen, sind durchlaufende Ringanker zu legen:
a) bei Bauten, die insgesamt mehr als zwei Vollgeschosse haben oder länger als 18 m sind,
b) bei Wänden mit vielen oder besonders großen Öffnungen, besonders dann, wenn die Summe der Öffnungen 60 % der Wandlänge oder bei Fensterbreiten von mehr als 2/3 der Geschoßhöhe 40 % der Wandlänge übersteigt,
c) wenn die Baugrundverhältnisse es erfordern.
Die Ringanker sind in jeder Deckenlage oder unmittelbar darunter anzubringen. Sie können mit Massivdecken oder Fensterstürzen aus Stahlbeton vereinigt werden.

Wände als Druckglieder
DIN 1045

Wände im Sinne dieser Norm sind überwiegend auf Druck beanspruchte scheibenartige Bauteile, und zwar
a) tragende Wände zur Aufnahme lotrechter Lasten (z.B. Deckenlasten), auch lotrechte Scheiben zur Abtragung waagerechter Lasten (z.B. Windscheiben), gelten als tragende Wände;
b) aussteifende Wände zur Knickaussteifung tragender Wände, dazu können jedoch auch tragende Wände verwendet werden;
c) nichttragende Wände werden überwiegend nur durch ihr Eigengewicht beansprucht, können aber auch auf ihre Fläche wirkende Windlasten auf tragende Bauteile, z.B. Wand- oder Deckenscheiben, abtragen.
Aussteifende Wände müssen mind. 8 cm dick sein.

Betonfestig-keitsklasse	Herstellung	Mindestwanddicken d in mm für Wände aus Beton			
		unbewehrt		bewehrt	
		Decken über Wänden		Decken über Wänden	
		nicht durchlaufend	durchlaufend	nicht durchlaufend	durchlaufend
bis B 10	Ortbeton	20	14	–	–
ab B 15	Ortbeton	14	12	12	10
ab B 15	Fertigteil	12	10	10	8

Wandartige Träger aus Beton
DIN 1045

Wandartige Träger sind in Richtung ihrer Mittelfläche belastete ebene Flächentragwerke...
Wandartige Träger müssen mind. 10 cm dick sein.

Wände aus Mauerwerk, nichttragend
DIN 1053 T1

Nichttragende Wände aus Mauerwerk müssen die auf ihre Fläche wirkenden Windlasten auf tragende Bauteile, z.B. Wand- oder Deckenscheiben abtragen.

Außenwände, nichttragend
DIN 1053 T1

Bei Ausfachungswänden darf auf einen statischen Nachweis verzichtet werden, wenn
- die Wände vierseitig gehalten sind,
- die Bedingungen der Tabelle erfüllt sind,
- Mörtelgruppe IIa verwendet wird.

Wanddicke d in mm	maximale Ausfachungsfläche ohne rechnerischen Nachweis bei einer Höhe über Gelände von					
	0 – 8 m		8 – 20 m		20 – 100 m	
	$h/l = 1{,}0$ in m²	$h/l \geq 2{,}0$ in m²	$h/l = 1{,}0$ in m²	$h/l \geq 2{,}0$ in m²	$h/l = 1{,}0$ in m²	$h/l \geq 2{,}0$ in m²
115	16	10	10	7	8	5
175	20	14	13	9	9	6
240	36	25	23	16	16	12
≥ 300	50	33	35	23	25	17

Anforderungen an Bauwerksteile — 7
Wände, Stützen, Pfeiler, Unterzüge, Balken — 7.2
Statische Belastung — 7.2.2

Leichte Trennwände
DIN 4103 T1

Trennwände erhalten ihre Standsicherheit erst durch Verbindung mit den an sie angrenzenden Bauteilen.

Trennwände können fest eingebaut oder umsetzbar ausgebildet sein. Sie können ein- oder mehrschalig ausgeführt werden und bei entsprechender Ausbildung auch Aufgaben des Brand-, Wärme-, Feuchtigkeits- und Schallschutzes übernehmen.

Es werden zwei Einbaubereiche unterschieden:

Einbaubereich I:
- Bereiche mit geringer Menschenansammlung, wie sie z.B. in Wohnungen, Hotel-, Büro- und Krankenräumen und ähnlich genutzten Räumen einschließlich der Flure vorausgesetzt werden müssen.

Einbaubereich II:
- Bereiche mit großer Menschenansammlung, wie sie z.B. in größeren Versammlungsräumen, Schulräumen, Hörsälen, Ausstellungs- und Verkaufsräumen und ähnlich genutzten Räumen vorausgesetzt werden müssen.
Hierzu zählen auch stets Trennwände zwischen Räumen mit einem Höhenunterschied der Fußböden ≥ 1,00 m.

Leichte Trennwände aus Gips-Wandbauplatten, Mindestdicken, ein- oder mehrschalige Ausführung
DIN 4103 T2

PW: Porengips-Wandbauplatte (0,6 – 0,7 kg/dm^3)
GW: Gips-Wandbauplatte (0,7 – 0,9 kg/dm^3)
SW: Gips-Wandbauplatte (0,9 – 1,2 kg/dm^3)

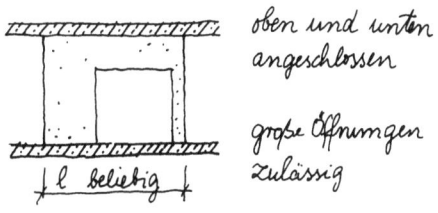
oben und unten angeschlossen
große Öffnungen zulässig
l beliebig

Zulässige Wandhöhe h für Wände, die mindestens oben und unten angeschlossen sind, eine beliebige Wandlänge l besitzen und große Öffnungen aufweisen dürfen.

Einbaubereich	Zulässige Wandhöhe h in m bei einer Plattendicke von			
	60 mm	80 mm		100 mm
	und der Plattenart nach DIN 18 163			
	PW, GW, SW	PW	GW, SW	PW, GW, SW
I	3,50	4,50		7,00
II	nur mit Nachweis möglich	2,75	3,50	5,00

Zulässige Wandlänge l in Abhängigkeit von der Wandhöhe h bei Wänden, die keine großen Öffnungen aufweisen und vierseitig angeschlossen sind[1].

vierseitig angeschlossen
ohne große Öffnungen
l zulässig

Einbaubereich	Höhe h in m	Zulässige Wandlänge l in m bei einer Plattendicke von			
		60 mm	80 mm		100 mm
		und der Plattenart nach DIN 18 163			
		PW, GW, SW	PW	GW, SW	PW, GW, SW
I	3,00				Wandlänge beliebig
	3,50				
	4,00	8,00			
	4,50				
	5,00	nur mit		12,50	
	5,50	Nachweis		13,75	
	6,00	möglich			
	6,50				
	7,00				
II	3,00	4,50		6,00	Wandlänge beliebig
	3,50			7,00	
	4,00	nur mit	8,00	10,00	
	4,50	Nachweis			
	5,00	möglich			
	5,50				16,50

1) Seitlicher Anschluß an Zwischenauflager möglich

Anforderungen an Bauwerksteile
Wände, Stützen, Pfeiler, Unterzüge, Balken
Statische Belastung

Wände aus Lehm
DIN 18 951 bis DIN 18 957

Schutz vor Regen
  Dachüberstand
  Lehmputz

Die DIN-Normen 18 951 bis 18 957 wurden 1971 ersatzlos zurückgezogen, sind jedoch nach wie vor Stand der Bautechnik. Unter Beachtung der bauaufsichtlichen Bestimmungen (MBO § 3, ggf. § 20 (30) und § 23) und der oben genannten DIN-Normen dürfen Lehmbauprodukte verwendet werden; in Einzelfällen als Einzelnachweis.

Bei ausreichendem Schutz gegen Feuchtigkeit (Dachüberstand, Verputz) und entsprechenden Zuschlagstoffen erfüllen sie sowohl tragende als auch wärmedämmende Funktion und bieten hervorragende feuchtigkeitsausgleichende Eigenschaften (Behaglichkeit).

Die Kosten von Lehmbauten entsprechen ungefähr Mauerwerksbauten bei deutlich besserer ökologischer Gesamtenergiebilanz.

DIN-Normen zum Lehmbau

DIN 18 951 Bl. 1:	Reichsgesetzliche Regelung des Lehmbaus
Vornorm DIN 18 953 Bl. 1:	Baulehm, Lehmbauteile, Verwendung von Baulehm
Vornorm DIN 18 953 Bl. 2:	Baulehm, Lehmbauteile, gemauerte Lehmwände
Vornorm DIN 18 953 Bl. 3:	Baulehm, Lehmbauteile, gestampfte Lehmwände
Vornorm DIN 18 953 Bl. 4:	Baulehm, Lehmbauteile, gewellte Lehmwände
Vornorm DIN 18 953 Bl. 5:	Baulehm, Lehmbauteile, Leichtlehmwände in Gerippebauten
Vornorm DIN 18 954:	Ausführung von Lehmbauten, Richtlinien
Vornorm DIN 18 955:	Baulehm, Lehmbauteile, Feuchtigkeitsschutz

Lehmstampfwände
DIN 18 951 Bl. 1 § 7

Lehmstampfwände bestehen aus zwischen Schalung gestampftem Lehm mit kiesigen oder faserigen Zuschlagstoffen.

Lehmsteinwände
DIN 18 951 Bl. 1 § 8

Lehmsteinwände bestehen aus luftgetrockneten Lehmquadern (Holzformen) die mit Lehm- oder Kalkmörteln vermauert sind.

Lehmständerwände
DIN 18 951 Bl. 1 § 9

Lehmständerwände bestehen aus einem Traggerippe für die Lastaufnahme und nichttragenden Ausfachungen aus Lehmsteinen, Leichtlehm, Strohlehm auf Staken, Reisiggeflecht mit Lehmbewurf usw.

Abmessungen von Lehmwänden
DIN 18 951 Bl. 1 § 7

Die Dicke von Außenwänden muß mind. 38 cm, die von belasteten Innenwänden mind. 25 cm betragen.

Dicke:
mind. 38 cm für Außenwände
mind. 25 cm für Innenwände

DIN 18 951 Bl. 1 § 11

Die Außenwände von Lehmbauten dürfen, abgesehen von Giebelwänden, nur bis zur Höhe eines Vollgeschosses errichtet werden, und auch dann die Höhe von 4 m einschließlich des Kniestockes nicht überschreiten.
Zweigeschossige Bauten sind nur bei entsprechenden Lehmqualitäten zulässig.

Grundmauern, Keller- und Sockelmauern
DIN 18 951 Bl. 1 § 10

Grundmauern, Keller- und Sockelmauern dürfen nicht aus Lehm hergestellt werden.
Die Sockelmauern sind zum Schutz gegen Durchfeuchtung der aufgehenden Lehmwände durch Spritzwasser mind. 50 cm über das Gelände hochzuführen. Es genügen 30 cm, wenn das Gelände vom Haus rampenartig abfällt.

Belastbarkeit von Lehmwänden
DIN 18 951 Bl. 1, Bl. 2 § 13

Lehmwände sind je nach Lehmart mit 2,5 kg/cm² bis 3,0 kg/cm² belastbar. Als Auflager für Massivdecken und -unterzüge sind sie nur in Sonderfällen zulässig.

Wände in Arbeitsstätten
ArbStättV § 8

Lichtdurchlässige Wände, insbesondere Ganzglaswände, im Bereich von Arbeitsplätzen und Verkehrswegen müssen aus bruchsicherem Werkstoff bestehen oder so gegen die Arbeitsplätze und Verkehrswege abgeschirmt sein, daß die Arbeitnehmer ... nicht beim Zersplittern der Wände verletzt werden können.
Die Oberfläche ... muß leicht zu reinigen oder zu erneuern (sein).

Wände sollen bruchfest sein

Anforderungen an Bauwerksteile

Decken, Dächer

Decken

Decken
MBO § 29

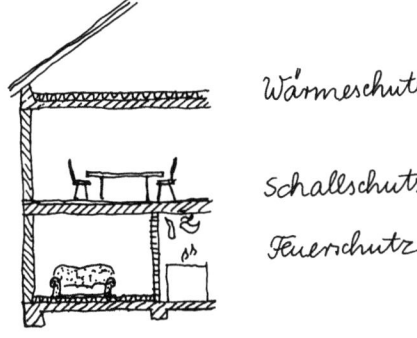

Wärmeschutz
Schallschutz
Feuerschutz

(1) Decken und ihre Unterstützungen sind feuerbeständig, in Gebäuden geringer Höhe mindestens feuerhemmend herzustellen. Dies gilt nicht für oberste Geschosse von Dachräumen.
(2) Kellerdecken sind feuerbeständig, in Wohngebäuden geringer Höhe mit nicht mehr als zwei Wohnungen mindestens feuerhemmend herzustellen.
(3) Decken und ihre Unterstützungen zwischen dem landwirtschaftlichen Betriebsteil und dem Wohnteil eines Gebäudes sind feuerbeständig herzustellen.
(4) Die Absätze 1 und 2 gelten nicht für freistehende Wohngebäude mit nicht mehr als einer Wohnung, deren Aufenthaltsräume in nicht mehr als zwei Geschossen liegen, für andere freistehende Gebäude ähnlicher Größe sowie für freistehende landwirtschaftliche Betriebsgebäude.
(5) Decken über und unter Wohnungen und Aufenthaltsräumen sowie Böden nicht unterkellerter Aufenthaltsräume müssen wärmedämmend sein.
(6) Decken über und unter Wohnungen, Aufenthaltsräumen und Nebenräumen müssen schalldämmend sein. Dies gilt nicht für Decken von Wohngebäuden mit nur einer Wohnung sowie für Decken zwischen Räumen derselben Wohnung und gegen nicht nutzbare Dachräume, wenn die Weiterleitung von Schall in Räume anderer Wohnungen vermieden wird.
(7) Der Absatz 5 und der Absatz 6 Satz 1 gelten nicht für Decken über und unter Arbeitsräumen einschließlich Nebenräumen, die nicht an Wohnräume oder fremde Arbeitsräume grenzen, wenn wegen der Benutzung der Arbeitsräume ein Wärmeschutz oder Schallschutz unmöglich oder unnötig ist.
(8) Öffnungen in begehbaren Decken sind sicher abzudecken oder zu umwehren.
(9) Öffnungen in Decken, für die eine mindestens feuerhemmende Bauart vorgeschrieben ist, sind, außer bei Wohngebäuden geringer Höhe mit nicht mehr als zwei Wohnungen, unzulässig; dies gilt nicht für den Abschluß von Öffnungen innerhalb von Wohnungen. Öffnungen können gestattet werden, wenn die Nutzung des Gebäudes dies erfordert und die Öffnungen mit Abschlüssen versehen werden, deren Feuerwiderstandsdauer der der Decken entspricht. Ausnahmen können gestattet werden, wenn der Brandschutz auf andere Weise sichergestellt ist.

BauO NW § 34

(1) Decken sowie deren Bekleidungen müssen ... hinsichtlich ihres Brandverhaltens nachfolgende Mindestanforderungen erfüllen:

	Freistehende Wohngebäude mit nicht mehr als einer Wohnung	Wohngebäude geringer Höhe mit nicht mehr als zwei Wohnungen	Gebäude geringer Höhe	Sonstige Gebäude außer Hochhäusern
Decken	keine	F 30	F 30	F 90 – AB
Decken über Kellergeschossen	keine	F 30	F 90	F 90 – AB
Decken im Dachraum über denen Aufenthaltsräume nicht möglich sind	keine	F 30	F 30	F 90

Anforderungen an Bauwerksteile

Decken, Dächer 7.3

Decken 7.3.1

Decken aus Lehm
DIN 18 951 Bl. 1, Bl. 2 nach § 13

Meist werden Holzbalkendecken mit einer Ausfachung mit der Staken-Wickeltechnik und Lehmauflage verwendet.

Decken von Dachräumen
MBO § 46

(5) Aufenthaltsräume und Wohnungen im Dachraum müssen einschließlich ihrer Zugänge mit mindestens feuerhemmenden Wänden und Decken gegen den nicht ausgebauten Dachraum abgeschlossen sein; dies gilt nicht für freistehende Wohngebäude mit nur einer Wohnung.

Decken in Heizräumen
FeuVO NW § 16

... Decken ... des Heizraumes müssen feuerbeständig sein...
Der Fußboden des Heizraumes muß ... aus nichtbrennbaren Baustoffen bestehen.
Zwischenräume von Decken-, Wand- oder Fußbodendurchbrüchen für Heizrohre oder andere Leitungen sind mit nichtbrennbaren Baustoffen auszufüllen.

Decken, Mindestabmessungen für Brandbelastung
DIN 4102 T4

Die Werte für Betondecken und Stahlbetonrippendecken gelten ebenfalls für die Bemessung von Stahlbetondächern.

Betondecken

Konstruktion	Mindestrohdicke d in mm bei Feuerwiderstandsklasse				
	F 30-A	F 60-A	F 90-A	F 120-A	F 180-A
Vollplatten aus Normalbeton *Tabelle 9*					
statisch bestimmt	60	80	100	120	150
statisch unbestimmt	80	80	100	120	150
Stahlbetonhohlplatten aus Normalbeton ohne brennbare Bestandteile, Mindestdeckung *Tabelle 10*					
Rechteck, statisch bestimmt	60	60	60	60	60
Rechteck, statisch unbestimmt	80	80	80	80	80
Kreis, statisch bestimmt	50	50	50	50	50
Kreis, statisch unbestimmt	70	70	70	70	70
Stahlbetonhohldielen aus Normalbeton *Tabelle 13*	80	100	120	140	179
Stahlbetonhohldielen aus Leichtbeton, **Porenbetonplatten** *Tabelle 13*	75	75	75	100	125
Stahlsteindecken *Tabelle 27*	115	140	165	240	290

Anforderungen an Bauwerksteile 7

Decken, Dächer 7.3

Decken 7.3.1

Holzdecken

Konstruktion		Mindestabmessungen in mm bei Feuerwiderstandsklasse	
		F 30-A	F 60-A
Holztafelbauart mit notwendiger Dämmschicht Tabelle 56 Holzrippenbreite b		40	40
untere Beplankung d_1	Holzwerkstoffplatten	16	–
	Gipskartonfeuerschutzplatten (GKF)	–	2 x 12,5
notwendige Dämmschicht D		60	60
obere Beplankung d_{ges}			
	Holzwerkstoffplatten + Dämmschicht + Estrich	48	48
	Holzwerkstoffplatten + Dämmschicht + Holzwerkstoffplatten	44	68
	Holzwerkstoffplatten + Dämmschicht + Gipskartonplatten	37,5	46
zulässige Spannweite		625	500
Holzbalkendecken mit dreiseitig dem Feuer ausgesetzten Holzbalken Tabelle 62 Schalung d_1	Holzwerkstoffplatten	25	45
	Bretter, Bohlen	28	50
oberer Aufbau d_{ges}	Dämmschicht + Holzwerkstoffplatten	31	55
	Dämmschicht + gespundete Bretter	36	58

Stahlbetonrippendecken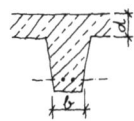

Konstruktion		Mindestabmessungen in mm bei Feuerwiderstandsklasse				
		F 30-A	F 60-A	F 90-A	F 120-A	F 180-A
Stahlbeton-, Spannbetonrippendecken aus Normalbeton ohne Zwischenbauteile, ohne Massiv- oder Halbmassivstreifen, 2-achsig gelagert Tabelle 17	Rippen-Mindestbreite b	80	100	120	150	220
	Platten-Mindestdicke d	80	80	100	120	150

Stahltrapezprofildecken

Konstruktion		Mindestdicke d in mm bei Feuerwiderstandsklasse				
		F 30-A	F 60-A	F 90-A	F 120-A	F 180-A
Trapezprofile d_1	38 mm	100	100	100	–	–
	51 mm	100	100	100	–	–

Anforderungen an Bauwerksteile

Decken, Dächer 7.3

Dächer 7.3.2

Dächer
MBO § 30

harte Bedachung — Schutz gegen Niederschläge, Flugfeuer

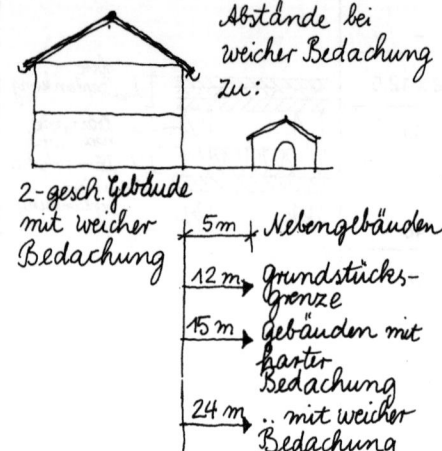

2-gesch. Gebäude mit weicher Bedachung — Abstände bei weicher Bedachung zu:
- 5 m Nebengebäuden
- 12 m Grundstücksgrenze
- 15 m Gebäuden mit harter Bedachung
- 24 m .. mit weicher Bedachung

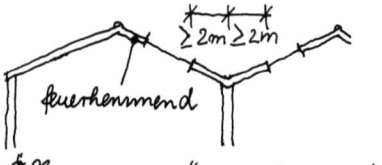

feuerhemmend
Öffnungen müssen ..2m von der Gebäudetrennwand entfernt sein

(1) Bedachungen müssen gegen Flugfeuer und strahlende Wärme widerstandsfähig sein (harte Bedachung).

(2) Bedachungen, die die Anforderungen nach Absatz 1 nicht erfüllen, sind zulässig bei Gebäuden geringer Höhe, wenn die Gebäude
1. einen Abstand von der Grundstücksgrenze von mindestens 12 m,
2. von Gebäuden auf demselben Grundstück mit harter Bedachung einen Abstand von mindestens 15 m,
3. von Gebäuden auf demselben Grundstück mit Bedachungen, die die Anforderungen nach Absatz 1 nicht erfüllen, einen Abstand von mindestens 24 m,
4. von kleinen, nur Nebenzwecken dienenden Gebäuden ohne Feuerstätten auf demselben Grundstück einen Abstand von mindestens 5 m
einhalten. In den Fällen der Nummer 1 werden angrenzende öffentliche Verkehrsflächen, öffentliche Grünflächen und öffentliche Wasserflächen zur Hälfte angerechnet.

(3) Die Absätze 1 und 2 gelten nicht für
1. lichtdurchlässige Bedachungen aus nichtbrennbaren Baustoffen,
2. Lichtkuppeln von Wohngebäuden,
3. Eingangsüberdachungen und Vordächer aus nichtbrennbaren Baustoffen,
4. Eingangsüberdachungen aus nichtbrennbaren Baustoffen, wenn die Eingänge nur zu Wohnungen führen.

(4) Abweichend von den Absätzen 1 und 2 können
1. lichtdurchlässige Teilflächen aus nichtbrennbaren Baustoffen in Bedachungen nach Absatz 1 und
2. begrünte Bedachungen
gestattet werden, wenn Bedenken wegen des Brandschutzes nicht bestehen.

(5) Bei aneinandergebauten giebelständigen Gebäuden ist das Dach für eine Brandbeanspruchung von innen nach außen mindestens feuerhemmend auszubilden; seine Unterstützungen müssen mindestens feuerhemmend sein. Öffnungen in den Dachflächen müssen, waagerecht gemessen, mindestens 2 m von der Gebäudetrennwand entfernt sein.

(6) An Dächer, die Aufenthaltsräume abschließen, können wegen des Brandschutzes besondere Anforderungen gestellt werden.

(7) Dachvorsprünge, Dachgesimse und Dachaufbauten, lichtdurchlässige Bedachungen und Lichtkuppeln sind so anzuordnen und herzustellen, daß Feuer nicht auf andere Gebäudeteile und Nachbargrundstücke übertragen werden kann. Von Brandwänden und von Wänden, die anstelle von Brandwänden zulässig sind, müssen mindestens 1,25 m entfernt sein
1. Oberlichte, Lichtkuppeln und Öffnungen in der Dachhaut, wenn diese Wände nicht mindestens 30 cm über Dach geführt sind,
2. Dachgauben und ähnliche Dachaufbauten aus brennbaren Baustoffen, wenn sie nicht durch diese Wände gegen Brandübertragung geschützt sind.

(8) Dächer, die zum auch nur zeitweiligen Aufenthalt von Menschen bestimmt sind, müssen umwehrt werden. Öffnungen und nichtbegehbare Glasflächen dieser Dächer sind gegen Betreten zu sichern.

(9) Die Dächer von Anbauten, die an Wände mit Öffnungen oder an Wände, die nicht mindestens feuerhemmend sind, anschließen, sind innerhalb eines Abstands von 5 m von diesen Wänden so widerstandsfähig gegen Feuer herzustellen, wie die Decken des anschließenden Gebäudes. Dies gilt nicht für Anbauten an Wohngebäude geringer Höhe.

Anforderungen an Bauwerksteile
Decken, Dächer
Dächer

7
7.3
7.3.2

Geneigte Dächer
Dachatlas

- Sparrendächer stellen bei geringer Gebäudebreite die wirtschaftlichste Lösung dar.
- Kehlbalkendächer sind unterhalb 45° nicht die preiswertesten, aber günstig für große freigespannte Dächer.
- Zweifach stehende Dächer bilden in der Mehrzahl aller Fälle die wirtschaftlichste Konstruktion.
- Die freie Sparrenlänge kann bis zu 5 m betragen und für den Übergang vom Sparren- auf das Kehlbalkendach auf mehr als 8 m steigen.

Die Art der Dachdeckung bestimmt die Dachneigung:
- Schuppendeckung (z.B. Schiefer, Biberschwanz, Falzziegel)
  - ohne Unterdach   20° – 65°
  - mit Unterdach   15° – 45°
- Tafeldeckung (z.B. Faserzementwellplatten, feuerverzinkte Bleche)   8° – 35°
- Bahnendeckung (z.B. Pappe, feuerverzinkte Blechtafeln)   2° – 26°

Dächer aus Stahlbeton, Mindestdicken für Brandbelastung
DIN 4102 T4

3.12 Für die Bemessung von Stahlbetondächern aus Normalbeton gelten die Werte für Betondecken und Stahlbetonrippendecken (siehe Kapitel 7.3.1, Seite 80, 81).

Wird bei Stahlbetondächern
a) auf der Dachabdichtung eine ≥ 50 mm dicke Kiesschüttung oder eine Schicht aus dicht verlegten Betonplatten angeordnet und werden
b) als Dämmschicht mineralische Faserdämmstoffe nach DIN 18 165 T2 der Baustoffklasse B2 mit einer Rohdichte ≥ 30 kg/m^3 verwendet, darf die Mindestdicke jeweils um 20 mm abgemindert werden, die für F 30 angegebene Deckendicke darf jedoch nicht unterschritten werden.

Dächer aus Holz, Mindestabmessungen für Brandbelastung
DIN 4102 T4

Die Werte gelten für von **unten** brandbeanspruchte Dächer, die auf der Oberseite eine durchgehende Bedachung aufweisen. Die Angaben gelten auch für Dächer mit Öffnungen wie Oberlichter, Lichtkuppeln, Luken usw., wenn nachgewiesen ist, daß das Brandverhalten durch die Öffnungen nicht nachteilig beeinflußt wird.

Die Bedachungen dürfen beliebig sein, die bauaufsichtlichen Bestimmungen der Länder sind zu beachten.

Sofern auf der Dachoberseite
a) eine ≥ 50 mm dicke Kiesschüttung oder eine Schicht aus dicht verlegten Betonplatten oder
b) ein schwimmender Estrich
angeordnet wird, können die Dächer auch von oben brandbeansprucht sein.

Konstruktion	Mindestabmessungen in mm bei Feuerwiderstandsklasse	
	F 30-A	F 60-A
Dächer mit Sparren *Tabelle 65*		
Sparrenbreite b	40	40
untere Beplankung d_1 Holzwerkstoffplatten	19	–
Holzwerkstoffplatten + GKB- oder GKF-Platten	16 + 9,5	–
Gipskartonfeuerschutzplatten (GKF), Länge ≤ 4,0 m	12,5	–
Holzwolle-Leichtbauplatten, Länge ≤ 5,0 m + Putz	25 + 20	–
Bretter	19	–
Gipskartonfeuerschutzplatten (GKF)	–	12,5 + 12,5
obere Beplankung d_3 aus Holzwerkstoffplatten	16	19
zulässige Spannweite	625	400
Dächer mit dreiseitig brandbeanspruchten Sparren *Tabelle 71* mit Dämmschicht		
Schalung d_1 Holzwerkstoffplatten	28	–
Brett oder Bohlen mit Nut- und Feder	28	–
Holzwerkstoffplatten + Bretter oder Bohlen mit Nut- und Feder	25 + 16	–
Mineralfaser-Dämmschicht d_2 mit Rohdichte ≥ 30 kg/m^3	80	–
zulässige Spannweite	1250	–
ohne Dämmschicht Schalung d_1		
Holzwerkstoffplatten	40	–
Bretter oder Bohlen mit Nut- und Feder	50	–
Holzwerkstoffplatten + Bretter oder Bohlen mit Nut- und Feder	30 + 16	–
zulässige Spannweite	1250	–

Anforderungen an Bauwerksteile
Schornsteine — 7.4

Schornsteine und Abgasanlagen
MBO § 38

Abgasanlagen sind in solcher Zahl und Lage und so herzustellen, daß alle Feuerstätten ordnungsgemäß angeschlossen werden können.

(1) Feuerstätten und Abgasanlagen, wie Schornsteine, Abgasleitungen und Verbindungsstücke (Feuerungsanlagen), Anlagen zur Abführung von Verbrennungsgasen ortsfester Verbrennungsmotoren sowie Behälter und Rohrleitungen für brennbare Gase und Flüssigkeiten müssen betriebssicher und brandsicher sein und dürfen auch sonst nicht zu Gefahren und unzumutbaren Belästigungen führen. Die Weiterleitung von Schall in fremde Räume muß ausreichend gedämmt sein. Abgasanlagen müssen leicht und sicher zu reinigen sein.

(4) Die Abgase der Feuerstätten sind durch Abgasanlagen über Dach, die Verbrennungsgase ortsfester Verbrennungsmotoren sind durch Anlagen zur Abführung dieser Gase über Dach abzuleiten. Abgasanlagen sind in solcher Zahl und Lage und so herzustellen, daß die Feuerstätten des Gebäudes ordnungsgemäß angeschlossen werden können. Ausnahmen von Satz 1 können gestattet werden, wenn Gefahren oder unzumutbare Belästigungen nicht entstehen.

(5) Die Abgase von Gasfeuerstätten mit abgeschlossenem Verbrennungsraum, denen die Verbrennungsluft durch dichte Leitungen vom Freien zuströmt (raumluftunabhängige Gasfeuerstätten) dürfen abweichend von Absatz 4 durch die Außenwände ins Freie geleitet werden, wenn

1. eine Ableitung des Abgases über Dach nicht oder nur mit unverhältnismäßig hohem Aufwand möglich ist und
2. die Nennwärmeleistung der Feuerstätte 11 kW zur Beheizung und 28 kW zur Warmwasserbereitung nicht überschreitet und
3. Gefahren oder unzumutbare Belästigungen nicht entstehen.

Schornsteinquerschnitte und Anschlüsse an Rauchschornsteine
FeuVO NW § 7

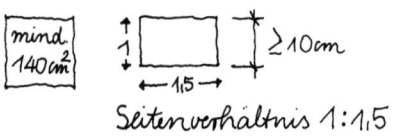

Seitenverhältnis 1 : 1,5

(1) Rauchschornsteine müssen einen lichten Querschnitt von mind. 140 m², Rauchschornsteine aus Mauersteinen müssen einen lichten Querschnitt von mind. 13,5 cm x 13,5 cm haben. Bei rechteckigen Querschnitten darf das Seitenverhältnis von 1 : 1,5 nicht unterschritten werden. Dabei muß die kürzere Seite mind. 10 cm betragen. Eine Querschnittsverminderung bis 5 % durch Ausrundung der Ecken bleibt unberücksichtigt.

(2) An einem Schornstein nach Abs. 1 dürfen höchstens zwei häusliche oder gleichartige andere Feuerstätten mit einer Nennwärmeleistung bis zu insgesamt 20 kW angeschlossen werden.
Für den Anschluß jeder weiteren Feuerstätte mit einer Nennwärmeleistung bis zu 10 kW erhöht sich der lichte Querschnitt des Schornsteins um mind. 50 cm², bei gemauerten Schornsteinen um mind. 60 cm².
An einen Rauchschornstein dürfen jedoch nicht mehr als vier häusliche oder gleichartige andere Feuerstätten angeschlossen werden.
Der lichte Querschnitt soll nicht größer als das 1,5-fache des errechneten Mindestquerschnitts sein.

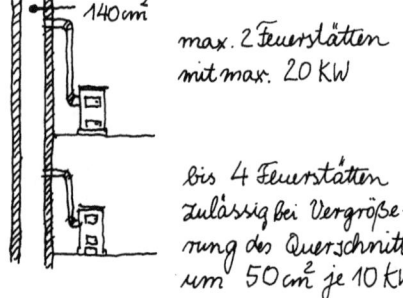

max. 2 Feuerstätten mit max. 20 KW

bis 4 Feuerstätten zulässig bei Vergrößerung des Querschnitts um 50 cm² je 10 KW

(3) An einen eigenen Rauchgasschornstein ist anzuschließen:
1. jede Feuerstätte mit einer Nennwärmeleistung von mehr als 10 kW,
2. jede Feuerstätte, deren Rauchgastemperatur im Stutzen der Feuerstätte bei bestimmungsgemäßem Betrieb mehr als 400 °C beträgt (dazu zählen insbesondere Großküchenherde, Backöfen, Röstöfen, Grillbratöfen, Trockenanlagen, Räucheranlagen, Müllverbrennungsöfen und andere entsprechende gewerbliche Feuerstätten),
3. jede Feuerstätte mit geschlossener Verbrennungskammer,
4. jeder offene Kamin,
5. jede Feuerstätte in Gebäuden mit mehr als fünf Vollgeschossen,
6. jede Feuerstätte für andere feste Brennstoffe als Kohle in Stücken oder andere flüssige Brennstoffe als Heizöl.

Der Schornsteinquerschnitt ist nach der Belastung, dem Zugbedarf des Verbindungsstückes und der Feuerstätte sowie der wirksamen Schornsteinhöhe besonders zu berechnen; die Mindestquerschnitte nach Abs. 1 dürfen jedoch nicht unterschritten werden.

Anforderungen an Bauwerksteile
Schornsteine

alle anderen Feuerstätten sind an eigenen Rauchschornsteinen anzuschließen

FeuVO NW § 8

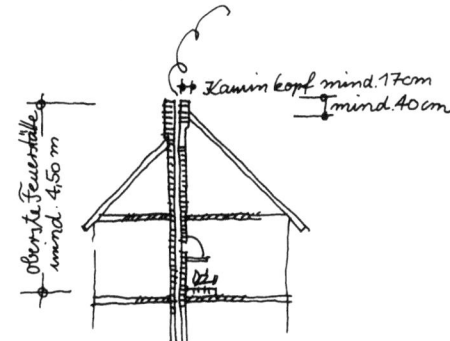

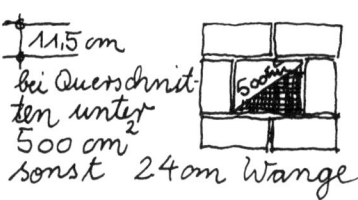

(4) Abweichend von Absatz (3) Satz 1 und 6 dürfen höchstens zwei Kachelöfen für Mehrraum-Luftheizungen mit einer Gesamtnennwärmeleistung bis zu 24 kW an einen Rauchschornstein angeschlossen werden; dies gilt nicht für Kachelöfen im obersten Vollgeschoß.

(1) Wangen und Zungen der Rauchschornsteine aus Mauersteinen müssen mindestens 11,5 cm dick sein; am Schornsteinkopf und in unbeheizten Räumen sollen die Wangen mindestens 17,5 cm dick sein, wenn die Wärmedämmung nicht auf andere Weise erreicht wird.

(2) Wangen von Rauchschornsteinen aus Mauersteinen sind mindestens 24 cm dick auszuführen, wenn der lichte Querschnitt der Rauchschornsteine mehr als 500 cm² beträgt, ...

(10) Die wirksame Schornsteinhöhe zwischen dem Rost oder dem Brenner der obersten an den Rauchschornstein angeschlossenen Feuerstätte und der Schornsteinmündung soll mindestens 4,50 m betragen.

(11) Die Schornsteinmündung muß bei harter Bedachung den Dachfirst um mindestens 40 cm überragen oder mindestens 1 m von der Dachfläche entfernt sein. Bei Gebäuden mit weicher Bedachung müssen die Schornsteine am First austreten und ihn um mindestens 80 cm überragen.

(13) Die Schornsteinmündung muß ungeschützte Bauteile aus brennbaren Baustoffen um mindestens 1 m überragen oder von innen, waagerecht gemessen, mindestens 1,50 m entfernt sein; dies gilt nicht für die Dachhaut. Die Mündung der Rauchschornsteine darf nicht in unmittelbarer Nähe von Fenstern und Balkonen liegen.

(14) Bauteile aus brennbaren Baustoffen müssen von Außenflächen der Rauchschornsteine mindestens 5 cm entfernt sein; dies gilt nicht für brennbare Baustoffe, die nur mit geringer Fläche an den Schornstein grenzen...

(15) Schornsteine in Gebäuden mit mehr als fünf Vollgeschossen müssen von Decken und Wänden durch Fugen getrennt sein; die Zwischenräume müssen mit elastischen nichtbrennbaren Baustoffen ausgefüllt werden.

Anforderungen an Bauwerksteile
Fenster, Kellerlichtschächte — 7.5

Fenster als Rettungswege
MBO § 35

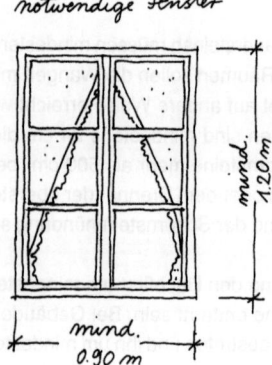

(4) Öffnungen und Fenster, die als Rettungswege dienen, müssen im Lichten mindestens 0,9 m x 1,2 m groß und nicht höher als 1,2 m über der Fußbodenoberkante angeordnet sein. Liegen diese Öffnungen in Dachschrägen oder Dachaufbauten, so darf ihre Unterkante oder ein davorliegender Austritt von der Traufkante nur so weit entfernt sein, daß Personen sich bemerkbar machen und von der Feuerwehr gerettet werden können.

Fenster in Aufenthaltsräumen
MBO § 44

die Fensterfläche soll 1/8 der Grundfläche eines Aufenthaltsraumes betragen

(2) ... Das Rohbaumaß der Fensteröffnungen (in Aufenthaltsräumen) muß mindestens 1/8 der Grundfläche des Raumes betragen; ein geringeres Maß kann gestattet werden, wenn wegen der Lichtverhältnisse Bedenken nicht bestehen. Geneigte Fenster sowie Oberlichte anstelle von Fenstern können gestattet werden, wenn wegen des Brandschutzes Bedenken nicht bestehen.

Fensterbrüstungen
MBO § 36

*Brüstungshöhe
bis zum 5. Geschoß mind. 80 cm
ab dem 5. Geschoß mind. 90 cm*

(4) Fensterbrüstungen müssen bis zum fünften Vollgeschoß mindestens 80 cm, über dem fünften Vollgeschoß mindestens 90 cm hoch sein. Geringere Brüstungshöhen sind zulässig, wenn durch andere Vorrichtungen, wie Geländer, die nach Absatz 5 vorgeschriebenen Mindesthöhen eingehalten werden. Im Erdgeschoß können geringere Brüstungshöhen gestattet werden. Absatz 5 siehe Kapitel 7.8 Umwehrungen

Ermittlung von Fenstergrößen
DIN 5034 T1

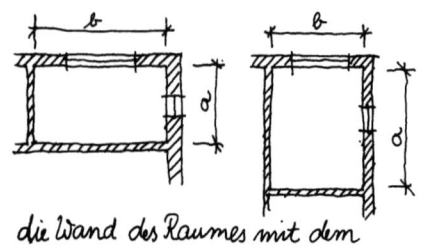

*die Wand des Raumes mit dem größten Fenster ist die Breite des Raumes.
b = Raumbreite   a = Raumtiefe*

Damit Wohnräume eine ausreichende Sichtverbindung nach außen besitzen, sollen Fenster nachstehende Forderungen erfüllen:
a) die Oberkante des Fensters sollte mind. 2,2 m über dem Fußboden liegen,
b) die Oberkante der Fensterbrüstung sollte max. 0,9 m über dem Fußboden liegen,
c) die Breite der durchsichtigen Teile des Fensters (bzw. die Summe der Breiten aller Fenster) sollte mind. 55 % der Breite des Wohnraums betragen.
Die Breite des Raumes ist die Wand, in der das größte Fenster liegt oder den besten Ausblick hat.
Die Güte der Beleuchtung hängt vom Tageslichtquotienten ab.
Beim Ermitteln des Tageslichtquotienten müssen die lichtmindernden Einflüsse der vorhandenen und der möglichen Verbauung berücksichtigt werden.
Vorbauten oberhalb des Fenstersturzes (Balkone, Vordächer, Dachüberstände) und ggf. seitliche Begrenzungen (vorspringende Wandteile, Trennwände von Balkonen) sowie Sonnenschutzeinrichtungen schränken den Tageslichteinfall ebenfalls ein.

DIN 5034-4

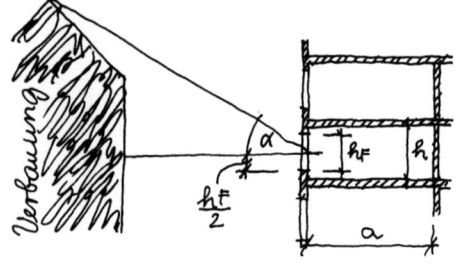

Zum einfachen Bemessen von notwendigen Fenstern (senkrecht eingebaut) bei einseitig beleuchteten Wohnräumen dienen Tabellen der DIN 5034-4.
Die Mindestbreite b_F wird durch folgende Parameter bemessen:
- Verbauungswinkel α (0° bis 50°),
- Fensterhöhe h_F (1,35 m bis 1,85 m),
- Raumhöhe h (2,40 m bis 3,0 m),
- Raumbreite b (2,0 m bis 8,0 m),
- bei einer Raumtiefe a (3,0 m bis 8,0 m).

Anforderungen an Bauwerksteile
Fenster, Kellerlichtschächte   7.5

Fenster in Heizräumen
FeuVO NW § 17

(1) Der Heizraum muß mindestens ein unmittelbar ins Freie führendes Fenster haben, sofern die ständige Anwesenheit eines Heizers erforderlich ist.
Das lichte Maß der Fensterfläche soll mindestens 1/12 der Grundfläche des Heizraumes betragen...

Fenster in barrierefreien Wohnungen
DIN 18 025 T2

7. Brüstungen in mindestens einem Aufenthaltsraum der Wohnung und auf Freisitzen sollten ab 60 cm Höhe durchsichtig sein...
Schwingflügelfenster sind unzulässig.

Fenster in Krankenzimmern
DIN 5034 T1

Für Krankenzimmer gelten die Anforderungen an Wohnräume. Der untere Rand des durchsichtigen Teils des Fensters soll jedoch nur 0,5 m über der Fußbodenoberkante liegen.

Fenster in Arbeitsräumen
DIN 5034 T1

Für Arbeitsräume gelten die entsprechenden Tageslichtquotienten von Wohnräumen, wenn sie eine
Raumhöhe von   3,50 m,
Raumtiefe von   6,00 m,
Raumfläche von   50,00 m²
nicht überschreiten.

Fenster in Arbeitsstätten
ASR 7/1

Fenster sollen mind. 1,0 m breit und 1,25 m hoch sein

2.2 Die Unterkante der Fenster bzw. durchsichtigen Flächen in Türen soll zwischen 0,85 m und 1,25 m über dem Fußboden liegen, je nachdem ob die Arbeitnehmer ... überwiegend sitzen oder stehen...

2.3 Die durchsichtigen Flächen der ... Fenster sollen mind. betragen:
bei einer Raumtiefe ≤ 5,0 m: 1,25 m²
bei einer Raumtiefe > 5,0 m: 1,50 m².
Als Sichtverbindung vorgesehene Fenster sollen mind. eine Höhe von 1,25 m und eine Breite von 1,0 m haben. Wird die Sichtverbindung als Fensterband ausgeführt, kann die Höhe auf 0,75 m herabgesetzt werden.

2.4 ... Für Räume mit einer Grundfläche bis zu 600 m² soll die Gesamtfläche der Sichtverbindungen 1/10 der Raumgrundfläche betragen...

ArbStättV § 7

(1) Arbeits-, Pausen-, Bereitschafts-, Liege- und Sanitätsräume müssen eine Sichtverbindung nach außen haben.
Dies gilt nicht für:
- Arbeitsräume, bei denen betriebstechnische Gründe eine Sichtverbindung nicht zulassen.
- Verkaufsräume sowie Schank- und Speiseräume in Gaststätten einschließlich der zugehörigen anderen Arbeitsräume, sofern die Räume vollständig unter Erdgleiche liegen.
- Arbeitsräume mit einer Grundfläche von mindestens 2000 m², sofern Oberlichter vorhanden sind.

ArbStättV § 9

(1) Fensterflügel dürfen in geöffnetem Zustand die Arbeitnehmer am Arbeitsplatz in ihrer Bewegungsfreiheit nicht behindern und die erforderliche Mindestbreite der Verkehrswege nicht einengen.

(2) Fenster und Oberlichter müssen so beschaffen oder mit Einrichtungen versehen sein, daß die Räume gegen unmittelbare Sonneneinstrahlung abgeschirmt werden können.

Kellerlichtschächte
MBO § 35

(3) Gemeinsame Kellerlichtschächte für übereinanderliegende Kellergeschosse sind unzulässig.

Anforderungen an Bauwerksteile
Türen 7.6

Glastüren
MBO § 35

(2) Glastüren und andere Glasflächen, die bis zum Fußboden allgemein zugänglicher Verkehrsflächen herabreichen, sind so zu kennzeichnen, daß sie leicht erkannt werden können. Für größere Glasflächen können Schutzmaßnahmen zur Sicherung des Verkehrs verlangt werden.

Türen von Heizräumen
FeuVO NW § 17

Anforderungen an Türen von Heizräumen siehe Kapitel 6.8 „Hausanschlußräume, Heizräume, Brennstofflagerräume".

Türen in barrierefreien Wohnungen
DIN 18 025 T2

Türen müssen eine lichte Breite von mind. 80 cm haben.
Hauseingangs-, Wohnungseingangs- und Fahrschachttüren müssen eine lichte Breite von mind. 90 cm haben.
Türen sollten eine lichte Höhe von mind. 210 cm haben.
Untere Türanschläge und -schwellen sind grundsätzlich zu vermeiden. Soweit sie technisch unbedingt erforderlich sind, dürfen sie nicht höher als 2 cm sein.

Für Rollstuhlbenutzer gilt zusätzlich:
Alle Türen müssen eine lichte Breite von 90 cm haben.
Die Bewegungsfläche vor Drehflügeltüren in Richtung Türaufschlag muß mind. 150 cm x 150 cm sein, sonst 120 cm x 150 cm.
Die Bewegungsfläche vor Schiebetüren muß mind. 190 cm x 120 cm sein.

DIN 18 025 T1

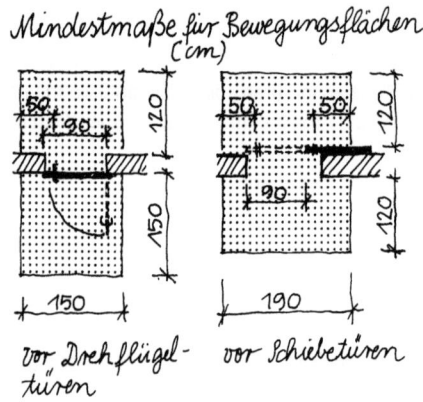

Türen in Altenwohnungen bzw. Wohnungen in Altenwohnheimen
AWB NW, Anlage 1

2.3 Türen dürfen das Rohbaurichtmaß von 87,5 cm nicht unterschreiten.
Schwellen oder Niveauunterschiede innerhalb der Wohnungen sind unzulässig.

Türen in Altenheimen, Altenwohnheimen und Pflegeheimen für Volljährige
HeimMindBauV § 9

In Pflegeheimen und Pflegeabteilungen müssen die Türen zu den Pflegeplätzen so breit sein, daß durch sie bettlägerige Bewohner transportiert werden können.

Türen in Wohnheimen
WohnheimB NW, Anlage 1

2.8 Türen dürfen das Rohbaurichtmaß von 87,5 cm nicht unterschreiten.
In der Abteilung für besondere Betreuung des Altenheimes ist je nach Flurbreite ein Rohbaurichtmaß von mind. 1,0 bis 1,25 m vorzusehen.
Zum Bettentransport ist je nach Flurbreite ein Rohbaurichtmaß von mind. 1,0 m bis 1,25 m vorzusehen.

Türen in Schulen
BASchulR NW

3.11.3 Türen im Zuge von Rettungswegen dürfen nur in Flurrichtung aufschlagen. Von dieser Forderung kann bei Türen von Unterrichtsräumen mit weniger als 80 Benutzern abgewichen werden.
Türen in Flurwänden müssen dichtschließend sein.
Schiebe-, Pendel- und Drehtüren sind in Rettungswegen unzulässig.
Türflügel dürfen höchstens 15 cm in die Flure vorspringen. Türen zu Treppenräumen sind so anzuordnen, daß sie beim Öffnen und im geöffneten Zustand die Laufbreite nicht einengen.

Anforderungen an Bauwerksteile
Türen 7.6

Türen in Gaststätten
GastBauVO NW § 12

(3) Treppenräume sind gegen Flure durch rauchdichte und selbstschließende Türen abzuschließen. Türen zwischen Governmenträumen und Treppenräumen sind mindestens in der Feuerwiderstandsklasse T 30 und selbstschließend herzustellen. Alle anderen Öffnungen, die nicht ins Freie führen, müssen dichtschließende Türen haben.

GastBauVO NW § 13

(1) Türen im Zuge von Rettungswegen müssen in Fluchtrichtung aufschlagen...

(2) Drehtüren sind in Rettungswegen unzulässig; ... Automatische Schiebetüren können für Ausgänge ins Freie verwendet werden, wenn sie sich im Störfall selbsttätig öffnen und die Betriebssicherheit der Türen nachgewiesen ist; nichtautomatische Schiebetüren sind in Rettungswegen unzulässig.

Türen und Tore in Arbeitsstätten
ASR 10/1

4.3 Türen und Tore müssen so angebracht sein, daß sie in aufgeschlagenem Zustand die nutzbare Laufbreite vorbeiführender Verkehrswege nicht einengen.

5. Die Maße der Türen und Tore richten sich nach der Zahl der Personen und der Breite der Wege.

Anzahl der Personen	Breite der Wege in m
bis 5	0,875
bis 20	1,00
bis 100	1,25
bis 250	1,75
bis 400	2,25

Anforderungen an Bauwerksteile
Treppen

Notwendige Treppen
MBO § 31

der benutzbare Dachraum muß über mind. 1 Treppe zugänglich sein

notwendige Treppen in einem Zug zu allen Geschossen führen!

(1) Jedes nicht zu ebener Erde liegende Geschoß und der benutzbare Dachraum eines Gebäudes müssen über mindestens eine Treppe zugänglich sein (notwendige Treppe); weitere Treppen können gefordert werden, wenn die Rettung von Menschen im Brandfall nicht auf andere Weise möglich ist. Statt notwendiger Treppen können Rampen mit flacher Neigung gestattet werden.

(2) Einschiebbare Treppen und Rolltreppen sind als notwendige Treppen unzulässig. Einschiebbare Treppen und Leitern sind bei Wohngebäuden mit nicht mehr als zwei Wohnungen als Zugang zu einem Dachraum ohne Aufenthaltsräume zulässig; sie können als Zugang zu sonstigen Räumen, die keine Aufenthaltsräume sind, gestattet werden, wenn wegen des Brandschutzes Bedenken nicht bestehen.

(3) Notwendige Treppen sind in einem Zuge zu allen angeschlossenen Geschossen zu führen; sie müssen mit den Treppen zum Dachraum unmittelbar verbunden sein. Dies gilt nicht für Gebäude geringer Höhe.

(4) Die tragenden Teile notwendiger Treppen müssen feuerbeständig sein. Bei Gebäuden geringer Höhe müssen sie aus nichtbrennbaren Baustoffen bestehen oder mindestens feuerhemmend sein; dies gilt nicht für Wohngebäude geringer Höhe mit nicht mehr als zwei Wohnungen.

Nutzbare Breite
MBO § 31

nutzbare Laufbreiten notwendiger Treppen: mind. 100 cm; in Wohngebäuden bis 2 Wohnungen mind. 80 cm

(5) Die nutzbare Breite der Treppen und Treppenabsätze notwendiger Treppen muß mindestens 1 m betragen. In Wohngebäuden mit nicht mehr als zwei Wohnungen und innerhalb von Wohnungen genügt eine Breite von 80 cm. Für Treppen mit geringer Benutzung können geringere Breiten gestattet werden.

DIN 18 065

Für baurechtlich nicht notwendige Treppen: mindestens 0,50 m.

Treppenabsätze
MBO § 31

(9) Eine Treppe darf nicht unmittelbar hinter einer Tür beginnen, die in Richtung der Treppe aufschlägt; zwischen Treppe und Tür ist ein Treppenabsatz anzuordnen, der mindestens so tief sein soll, wie die Tür breit ist.

Podeste
DIN 18 065

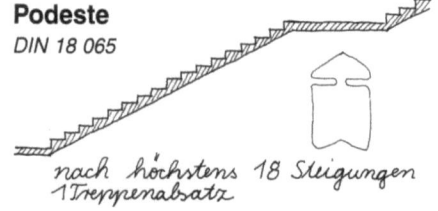

nach höchstens 18 Steigungen 1 Treppenabsatz

Die nutzbare Podesttiefe muß mindestens der nutzbaren Treppenlaufbreite ... entsprechen. Nach höchstens 18 Stufen soll ein Zwischenpodest angeordnet werden.

Wandabstand
DIN 18 065

Der Abstand der Treppenläufe und Treppenpodeste darf auf der Wandseite sowie auf der Seite der Umwehrung nicht mehr als 6 cm betragen.

Durchgangshöhe
DIN 18 064

Die Durchgangshöhe ist das lotrechte Fertigmaß (gemessen in gebrauchsfertigem Zustand der Treppe) über den Vorderkanten der Stufen und über den Podesten bis zu den Unterkanten der darüberliegenden Bauteile.

DIN 18 065

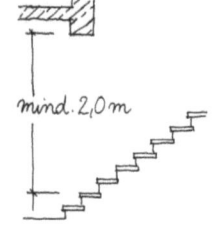

mind. 2,0 m

Die lichte Treppendurchgangshöhe muß mindestens 200 cm betragen.
(Bei Wohngebäuden mit nicht mehr als zwei Wohnungen) darf die lichte Treppendurchgangshöhe auf einem einseitigen oder beiderseitigen Randstreifen der Treppe von höchstens 25 cm Breite eingeschränkt sein. Dies gilt auch für Treppen zu einem Dachraum ohne Aufenthaltsräume in sonstigen Gebäuden.

Anforderungen an Bauwerksteile
Treppen
7.7

Stufen
BayBauO § 36

DIN 18 064

(7) ... In Gebäuden, in denen üblicherweise mit der Anwesenheit von Kleinkindern zu rechnen ist, darf bei Treppen ohne Setzstufen das lichte Maß der Öffnungen zwischen den Stufen 12 cm nicht übersteigen.

Steigung:	Lotrechtes Maß von der Trittfläche einer Stufe zur Trittfläche der folgenden Stufe.
Auftritt:	Waagerechtes Maß von der Vorderkante einer Treppenstufe bis zur Vorderkante der folgenden Treppenstufe in der Laufrichtung gemessen.
Steigungsverhältnis:	Verhältnis von Steigung zu Auftritt; dieser Quotient ist ein Maß für die Neigung einer Treppe.
Lauflinie:	Gedachte Linie, die den üblichen Weg der Benutzer einer Treppe angibt.

Maßliche Anforderungen an Stufen
DIN 18 065

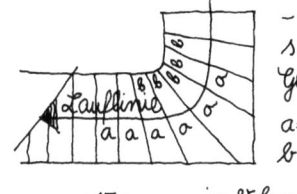

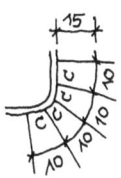

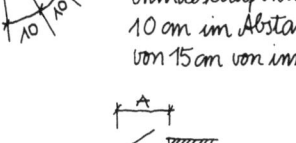

wenn A kleiner als 26 cm: Unterschneidung von 3 cm

Gebäude	Treppenart		Steigung[2]	Auftritt[3]
Wohngebäude mit nicht mehr als zwei Wohnungen[1]	baurechtlich notwendige Treppen	Treppen, die zu Aufenthaltsräumen führen	17 ± 3	28 $^{+9}_{-5}$
		Kellertreppen und Bodentreppen, die nicht zu Aufenthaltsräumen führen	≤ 21	≥ 21
	baurechtlich nicht notwendige Treppen		≤ 21	≥ 21
	baurechtlich nicht notwendige Treppen innerhalb geschlossener Wohnungen		keine Festlegungen	
sonstige Gebäude	baurechtlich notwendige Treppen		17 $^{+2}_{-3}$	28 $^{+9}_{-2}$
	baurechtlich nicht notwendige Treppen		≤ 21	≥ 21

1) schließt auch Maisonetten-Wohnungen in Gebäuden mit mehr als zwei Wohnungen ein.
2) aber nicht < 14 cm
3) aber nicht > 37 cm

Das **Steigungsverhältnis** einer Treppe ... soll sich in der Lauflinie nicht ändern.
Unterschneidung: Treppen ohne Setzstufen ("offene Treppen") sowie Treppen mit Auftritten ≤ 26 cm – gemessen in der Lauflinie – sind um mindestens 3 cm zu unterschneiden.

Wendelstufen
DIN 18 065

In Wohngebäuden mit nicht mehr als zwei Wohnungen und innerhalb von Wohnungen müssen Wendelstufen an der schmalen Stelle einen Mindestauftritt von 10 cm im Abstand von 15 cm von der inneren Begrenzung der nutzbaren Treppenlaufbreite haben; dies gilt nicht für Spindeltreppen. In sonstigen Gebäuden müssen Wendelstufen an der inneren Begrenzung der nutzbaren Treppenlaufbreite einen Auftritt von mindestens 10 cm haben.

Umwehrungen, Handläufe, Geländer
MBO § 31

(6) Treppen müssen mindestens einen festen und griffsicheren Handlauf haben.
   Bei großer nutzbarer Breite der Treppe können Handläufe auf beiden Seiten und Zwischenhandläufe gefordert werden.
(7) Die freien Seiten der Treppen, Treppenabsätze und Treppenöffnungen müssen durch Geländer gesichert werden. Fenster, die unmittelbar an Treppen liegen und deren Brüstungen unter der notwendigen Geländeoberfläche liegen, sind zu sichern.
(8) Treppengeländer müssen mindestens 0,90 m, bei Treppen mit mehr als 12 m Absturzhöhe mindestens 1,10 m hoch sein.

Anforderungen an Bauwerksteile
Treppen 7.7

Umwehrungen, Handläufe, Geländer (Fortsetzung)
DIN 18 065

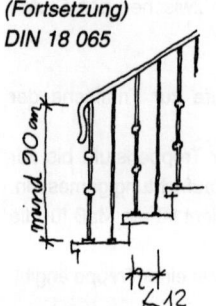

bei Gebäuden mit anwesenden Kindern

nicht bei Wohngeb. mit weniger als 2 Wohnungen

seitlicher Abstand 4 cm

In Gebäuden, in denen mit der Anwesenheit von Kindern zu rechnen ist, sind Geländer so zu gestalten, daß ein Überklettern des Geländers ... durch Kleinkinder erschwert wird.
Dabei darf der Abstand von Geländerteilen in einer Richtung nicht mehr als 12 cm betragen. Dies gilt nicht für Wohngebäude mit nicht mehr als zwei Wohnungen.
Handläufe sind in der Höhe so anzubringen, daß sie bequem benutzt werden können. Sie sollen dabei nicht tiefer als 75 cm und dürfen nicht höher als 110 cm angebracht sein, gemessen lotrecht über Stufenvorderkante bis Oberkante Handlauf.
Der lichte Abstand des Handlaufes von benachbarten Bauteilen muß mindestens 4 cm betragen.

Treppen in barrierefreien Wohnungen
DIN 18 025 T2

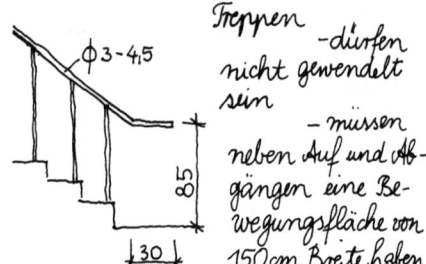

Treppen
- dürfen nicht gewendelt sein
- müssen neben Auf und Abgängen eine Bewegungsfläche von 150 cm Breite haben

An Treppen sind beidseitig Handläufe mit Ø 3 cm bis Ø 4,5 cm anzubringen. Der innere Handlauf am Treppenauge darf nicht unterbrochen sein. Am Anfang und Ende der Treppe müssen die äußeren Handläufe in 85 cm Höhe 30 cm waagerecht fortgeführt werden.
Treppe und Treppenpodest müssen ausreichend belichtet bzw. beleuchtet und deutlich erkennbar sein...
Stufenunterscheidungen sind unzulässig.
Der Treppenlauf sollte nicht gewendelt sein.
Die Bewegungsfläche neben Treppenauf- und -abgängen muß mind. 150 cm breit sein, die Auftrittsfläche der obersten Stufe ist auf die Bewegungsfläche nicht anzurechnen.

Treppen in Altenwohnungen
AWB NW, Anlage 1

- müssen ein Zwischenpodest haben

2.1 Geschoßtreppen dürfen nicht gewendelt sein und müssen ein Zwischenpodest haben.

Treppen in Wohnheimen
WohnheimB NW, Anlage 1

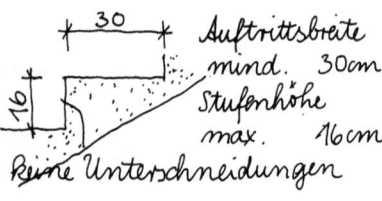

Auftrittsbreite mind. 30 cm
Stufenhöhe max. 16 cm
Keine Unterschneidungen

2.6 Geschoßtreppen dürfen nicht gewendelt sein und müssen ein Zwischenpodest haben. In Altenheimen und Wohnheimen für Behinderte darf die Auftrittsbreite der Stufen 30 cm Tiefe nicht unter- und die Stufenhöhe 16 cm nicht überschreiten. In diesen Wohnheimen sind auf Treppen und Podesten außerdem beidseitig Handläufe anzubringen. Die Handläufe sollen ganz zu umfassen sein.

Treppen in Altenheimen, Altenwohnheimen und Pflegeheimen für Volljährige
HeimMindBauV § 3

... Treppen sind an beiden Seiten mit festen Handläufen zu versehen.

Treppen und Treppenräume in Gaststätten
GastBauVO NW § 12

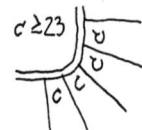

- Steigung: mind. 28 cm auf max. 17 cm, innen mind. 23 cm

(2) Stufen von Treppen ..., müssen eine Auftrittsbreite von mind. 28 cm haben und dürfen nicht höher als 17 cm sein.
Bei gebogenen Läufen darf die Auftrittsbreite der Stufen an der schmalsten Stelle nicht kleiner als 23 cm sein.
Treppen müssen auf beiden Seiten feste Handläufe ohne freie Enden haben. Die Handläufe müssen griffsicher sein und sind über alle Stufen und Treppenabsätze fortzuführen.
Treppen von mehr als 2,5 m Breite müssen durch Geländer unterteilt werden.

Anforderungen an Bauwerksteile — 7

Treppen 7.7

Fahrtreppen und Fahrsteige in Arbeitsstätten
ArbStättV § 18

(1) Fahrtreppen und umlaufende stufenlose Bänder für den Personenverkehr (Fahrsteige) müssen so beschaffen sein, daß sie sicher benutzt werden können.
An den Zu- und Abgängen muß ausreichend bemessener Raum als Stauraum vorhanden sein.

Steigleitern und Steigeisengänge in Arbeitsstätten
ArbStättV § 20

Fest angebrachte Leitern (Steigleitern) und Steigeisengänge sind nur zulässig, wenn der Einbau einer Treppe betrieblich nicht möglich oder wegen der geringen Unfallgefahr nicht notwendig ist. Steigleitern und Steigeisengänge müssen an ihren Austrittsstellen eine Haltevorrichtung haben. Wenn die Steigleitern oder Steigeisengänge länger als 5,00 m sind und es betrieblich möglich ist, müssen sie mit Einrichtungen zum Schutz gegen Absturz ausgerüstet sein.
Bei Steigleitern oder Steigeisengängen mit mehr als 80° Neigung zur Erdoberfläche müssen in Abständen von höchstens 10 m Ruhebühnen vorhanden sein.

Treppen in Verkaufsstellen
VGB 118 § 2

(3) Auf Treppen darf der Durchgangsverkehr durch Aufstellen von Verkaufstischen, Ausstellungsvitrinen oder sonstigen Gegenständen nicht behindert werden.
(4) Im Freien liegende Treppen sind gegen Glätte zu sichern.

Umwehrungen 7.8

Umwehrungen
MBO § 36

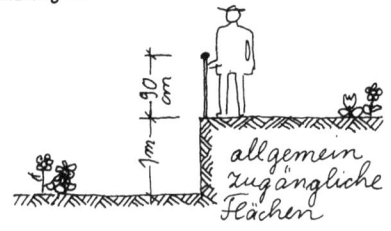

(1) In, an und auf baulichen Anlagen sind Flächen, die im allgemeinen zum Begehen bestimmt sind und unmittelbar an mehr als 1 m tiefer liegende Flächen angrenzen, zu umwehren. Dies gilt nicht, wenn die Umwehrung dem Zweck der Flächen widerspricht, wie bei Verladerampen, Kais und Schwimmbecken.
(2) Nicht begehbare Oberlichte und Glasabdeckungen in Flächen, die im allgemeinen zum Begehen bestimmt sind, sind zu umwehren, wenn sie weniger als 50 cm aus diesen Flächen herausragen.
(3) Kellerlichtschächte und Betriebsschächte, die an Verkehrsflächen liegen, sind zu umwehren oder verkehrssicher abzudecken; sie liegen in Verkehrsflächen, so sind sie in Höhe der Verkehrsflächen verkehrssicher abzudecken. Abdeckungen an und in öffentlichen Verkehrsflächen müssen gegen unbefugtes Abheben gesichert sein.
(5) Andere notwendige Umwehrungen müssen folgende Mindesthöhen haben:
1. Umwehrungen zur Sicherung von Öffnungen in begehbaren Decken, Dächern sowie Umwehrungen von Flächen mit einer Absturzhöhe von 1 m bis zu 12 m: 0,9 m,
2. Umwehrungen von Flächen mit mehr als 12 m Absturzhöhe: 1,1 m.

DIN 18 065

In Gebäuden, in denen mit der Anwesenheit von Kindern zu rechnen ist, sind Geländer so zu gestalten, daß ein Überklettern des Geländers ("Leitereffekt") durch Kleinkinder erschwert wird. Dabei darf der Abstand von Geländerteilen in einer Richtung nicht mehr als 12 cm betragen. Dies gilt nicht für Wohngebäude mit nicht mehr als zwei Wohnungen.

Umwehrungen in Gaststätten
GastBauV NW § 20

(6) Flächen, die zum allgemeinen Begehen bestimmt sind und die unmittelbar an mehr als 20 cm tieferliegende Flächen angrenzen, sind zu umwehren. Emporen und Galerien müssen Fußleisten zum Schutz gegen Herabfallen von Gegenständen haben.

Anforderungen an Bauwerksteile
Dachrinnen, Regenfalleitungen   7.9

Bemessungsgrundlagen für Dachrinnen und Regenfalleitungen
DIN 18 460

Die Bemessung der Regenfalleitungen und damit die Zuordnung der Dachrinnengröße ist abhängig von
- der Regenspende (r), Regensumme in der Zeiteinheit, bezogen auf die Fläche in l/(s · ha),
- der Dachgrundrißfläche (m²), horizontale Projektion, und
- dem Abflußbeiwert (ψ), Neigung, Oberflächenbeschaffenheit, Verhältnis der Regenwasserabflußspende zur Regenspende.

Der Regenwasserabfluß errechnet sich: $Q_r = A \cdot r \cdot \psi$ in l/s.

Es gelten für die Bemessung der Regenfalleitungen und der zugeordneten Dachrinnen die aus den lichten Maßen der wasserführenden Profile errechneten Querschnittsflächen.

Dachrinnen aus Metall

anzuschließende Dachgrundfläche bei max. Regenspende $r = 300$ l/(s · ha) in m²	Regenwasserabfluß zul Q_r in l/s	Regenfalleitung kreisförmiger Querschnitt (trichterförmige Einläufe)		halbrunde Dachrinne aus Metall	
		Nenngröße (Durchmesser) in mm	Querschnitt in cm²	Nenngröße Abwicklung in mm	Rinnenquerschnitt in cm²
37	1,1	60	28	200	25
83	2,5	80	50	250	43
				280	63
150	4,5	100	79	333	92
443	13,3	150	177	500	245

Dachrinnen aus PVC hart

anzuschließende Dachgrundfläche bei max. Regenspende $r = 300$ l/(s · ha) in m²	Regenwasserabfluß zul Q_r in l/s	Regenfalleitung runder Querschnitt (trichterförmige Einläufe)		halbrunde Dachrinne aus PVC hart	
		Nenngröße (Durchmesser) in mm	Querschnitt in cm²	Nenngröße (lichte Weite) in mm	Rinnenquerschnitt in cm²
37	1,1	63	28	80	34
57	1,7	70	38	100	53
97	2,9	90	56	125	73
170	5,1	100	86	150	101

Art der angeschlossenen Dachfläche	Abflußbeiwert ψ
Dächer $\geq 15°$	1,0
Dächer $\leq 15°$	0,8
Kiesschüttdächer	0,5
Dachgärten	0,3

Berechnungsbeispiel

- Regenspende $r = 400$ l/(s · ha)
- Dachgrundfläche 12,5 x 17,5 cm
  $A \approx 220$ m²
- Abflußbeiwert $\psi = 1,0$ (Dach $\geq 15°$)
- Regenwasserabflußspende $Q_r = \dfrac{220 \text{ m}^2}{10000 \text{ m}^2} \cdot 400 \text{ l/s} \cdot 1,0 = 8,8$ l/s

gewählt: 1 Regenfalleitung Nenngröße 150
1 Dachrinne halbrund Nenngröße 500
oder: 2 Regenfalleitungen Nenngröße 100
1 Dachrinne halbrund Nenngröße 500

Anhang
Vergleich der Landesbauordnungen

8
8.1

Dieser Entwurfslehre ist hauptsächlich die Musterbauordnung zugrunde gelegt. Die Tabelle zeigt einen Vergleich der entsprechenden Paragraphen mit denen der Bauordnungen der einzelnen Bundesländer. Weitere den Autoren wichtig erscheinende Paragraphen aus anderen Länderbauordnungen werden ebenfalls mit denen der anderen Bauordnungen verglichen.

Symbole: **X** gleichlautend   **~** sinngemäß   **A** abweichend   **–** nicht enthalten

Kapitel/Seite	Musterbauordnung der Bundesrepublik Deutschland MBO 06.06.1996 Paragraph	Baden-Württemberg LBO BW 08.08.1995	Bayern BayBO 18.04.1994	Berlin BauO Bln 01.01.1996	Brandenburg BgbBO 01.06.1994	Bremen BremLBO 27.03.1995	Hamburg HBauO 27.09.1995	Hessen HBO 19.12.1994	Mecklenburg-Vorpommern LBauO M-V 26.04.1994	Niedersachsen NBauO 13.07.1995	Nordrhein-Westfalen BauO NW 12.10.1995	Rheinland-Pfalz LBauO 08.03.1995	Saarland LBO 27.03.1996	Sachsen SächsBO 26.07.1994	Sachsen-Anhalt BauO LSA 23.06.1994	Schleswig-Holstein LBO 11.07.1994	Thüringen ThürBO 03.06.1994
1																	
9	§ 3 (1)	~	~	~	~	~	~	~	X	~	~	~	~	~	~	~	X
3.1																	
15	§ 4 (1)	X	A	X	A	A	A	~	X	A	A	~	~	~	X	X	X
15	BauO NW § 4(1)	A	A	A	~	A	A	A	A	A	✕	A	A	A	A	A	A
15	NbauO § 4	–	–	–	–	–	–	–	–	✕	–	–	–	–	–	–	–
3.2																	
15	§ 2 (1)	~	~	~	~	~	~	~	X	A	~	~	~	~	~	~	~
15	§ 3 (1)	~	~	~	~	~	~	~	X	~	~	~	~	~	~	~	X
15	§ 51 (1)	~	~	~	X	~	~	~	X	~	~	~	~	X	X	X	X
15	§ 52 (1)	–	–	–	–	~	~	X	X	~	~	~	~	X	X	X	X
15	§ 2 (10)	X	X	X	X	X	X	X	X	X	X	X	–	X	X	X	X
15	§ 2 (2)	X	~	X	X	X	A	A	X	X	X	A	A	X	X	X	~
16	§ 2 (3)	–	X	–	X	X	~	A	X	–	X	~	A	X	X	X	X
16	BauO NW § 2 (3)	–	–	–	X	–	X	–	X	–	✕	–	–	–	X	–	–	X
16	§ 2 (3)	X	X	–	X	X	X	A	X	–	X	–	A	X	X	X	X
16	§ 48 (1)	~	~	A	X	X	~	A	X	~	X	X	~	X	X	X	X
16	§ 2 (7)	~	–	X	X	X	–	~	X	~	X	X	~	X	X	X	~
16	§ 2 (8)	–	–	X	X	X	–	~	X	–	–	X	X	X	X	X	X
16	§ 2 (9)	X	X	X	X	X	X	X	X	X	X	X	–	X	X	X	X
3.3																	
17	§ 6 (1)	~	~	~	~	~	~	~	~	A	~	~	~	~	~	~	~
3.4																	
19	§ 2 (4)	~	~	~	~	A	A	A	A	A	A	A	A	X	A	A	X
19	§ 2 (6)	–	–	–	–	–	–	A	X	–	A	–	–	X	A	X	X
19	§ 45 (1)	–	A	X	X	~	~	~	X	~	X	X	~	X	X	X	X
19	§ 2 (5)	X	–	X	X	A	A	–	X	~	X	X	X	X	X	X	X
19	§ 33 (1)	–	–	–	–	X	–	~	–	–	X	–	–	–	–	–	–
3.5																	
20	§ 44 (2)	~	X	X	X	X	A	X	X	~	~	~	X	X	X	X	X
20	§ 31 (1)	~	X	X	X	X	A	~	X	~	X	X	X	X	X	X	X
20	§ 32 (1)	–	A	~	~	A	A	A	A	~	A	A	A	A	A	A	A
20	BauO NW § 30 (1)	A	A	A	A	A	A	A	A	A	✕	A	–	A	A	A	A
20	BauO NW § 31 (1)	A	A	A	A	A	A	A	A	A	✕	A	~	A	A	A	A
20	BauO NW § 31 (2)	A	A	A	A	A	A	A	A	A	✕	A	~	A	A	A	A
20	BauO NW § 32 (1)	A	A	A	A	A	A	A	A	A	✕	A	A	A	A	A	A

Anhang
Vergleich der Landesbauordnungen 8.1

Dieser Entwurfslehre ist hauptsächlich die Musterbauordnung zugrunde gelegt. Die Tabelle zeigt einen Vergleich der entsprechenden Paragraphen mit denen der Bauordnungen der einzelnen Bundesländer. Weitere den Autoren wichtig erscheinende Paragraphen aus anderen Länderbauordnungen werden ebenfalls mit denen der anderen Bauordnungen verglichen.

Symbole: **X** gleichlautend   ~ sinngemäß   **A** abweichend   – nicht enthalten

Kapitel/Seite	Musterbauordnung der Bundesrepublik Deutschland MBO 06.06.1996 Paragraph	Baden-Württemberg LBO BW 08.08.1995	Bayern BayBO 18.04.1994	Berlin BauO Bln 01.01.1996	Brandenburg BgbBO 01.06.1994	Bremen BremLBO 27.03.1995	Hamburg HBauO 27.09.1995	Hessen HBO 19.12.1994	Mecklenburg-Vorpommern LBauO M-V 26.04.1994	Niedersachsen NBauO 13.07.1995	Nordrhein-Westfalen BauO NW 12.10.1995	Rheinland-Pfalz LBauO 08.03.1995	Saarland LBO 27.03.1996	Sachsen SächsBO 26.07.1994	Sachsen-Anhalt BauO LSA 23.06.1994	Schleswig-Holstein LBO 11.07.1994	Thüringen ThürBO 03.06.1994
4																	
22	§ 12 (1)	X	X	X	X	X	X	X	X	~	X	X	X	X	X	X	X
22	§ 12 (2)	~	~	X	~	~	~	~	X	A	~	~	~	X	X	~	X
22	§ 82 (1)	A	A	–	A	~	–	~	X	A	~	A	A	A	~	A	A
22	§ 82 (4)	~	~	–	~	~	–	~	~	~	~	~	~	~	~	–	~
22	§ 61 (1)	~	~	X	X	~	~	~	~	~	X	X	X	X	X	X	X
22	§ 61 a (1)	A	A	A	A	A	–	A	X	A	A	A	A	A	A	A	A
22	§ 61 a (2)	A	A	~	A	A	–	A	~	~	~	~	A	A	~	~	A
22	§ 61 a (4)	A	A	~	A	A	–	~	~	A	~	~	~	~	~	~	~
22	§ 61 a (6)	A	A	X	A	A	–	~	X	A	~	~	~	~	~	~	~
22	§ 62 (5)	~	~	A	~	~	A	~	X	~	~	~	~	~	~	X	–	~
5																	
31	§ 6 (1)	~	~	X	X	X	~	X	X	A	X	X	X	X	X	X	X
31	§ 6 (2)	X	A	X	X	X	~	X	X	–	X	~	X	X	X	X	X
31	§ 6 (3)	A	A	X	X	X	A	X	X	–	X	~	~	X	X	X	X
31	§ 6 (4)	A	A	A	A	A	A	A	A	A	A	A	A	A	A	A	A
31	§ 6 (5)	A	X	~	~	A	A	A	X	~	~	A	A	X	X	X	X
31	§ 6 (6)	A	~	~	~	A	A	A	~	A	~	A	~	~	~	~	~
32	§ 6 (7)	~	A	~	A	A	A	X	X	–	~	~	X	X	X	X	X
32	§ 6 (8)	–	–	A	–	~	–	~	X	–	A	A	X	X	X	X	X
32	§ 6 (9)	–	~	~	~	~	–	~	~	–	~	–	~	~	~	A	~
32	§ 6 (11)	A	A	A	A	A	A	A	A	A	A	A	A	~	A	A	A
32	§ 6 (12)	A	–	X	–	A	–	A	X	A	X	A	–	X	X	X	A
32	§ 6 (13)	A	–	A	~	X	~	~	~	A	~	~	–	~	~	~	~
32	§ 7 (1)	X	A	–	A	~	X	X	X	–	~	X	~	A	X	X	X
6.1.1																	
33	§ 5 (1)	–	–	A	X	X	~	~	X	–	~	~	~	X	X	X	X
33	§ 5 (2)	–	–	A	X	X	~	X	X	–	X	~	~	X	X	X	X
33	§ 5 (3)	–	–	~	X	X	–	~	X	–	~	~	~	X	X	X	X
33	§ 5 (4)	–	–	X	X	X	X	X	X	–	X	–	–	X	X	X	X
33	§ 5 (5)	–	–	–	X	X	–	~	X	–	~	~	~	A	X	X	~
33	§ 5 (6)	–	–	X	X	–	~	X	X	–	~	~	X	–	X	X	X
33	§ 17 (4)	X	~	X	X	X	A	X	X	~	X	~	X	X	X	X	X
33	§ 45 (1)	–	A	X	X	~	~	~	X	~	X	X	~	X	X	X	X
33	§ 52 (4)	–	–	–	X	–	–	–	X	X	X	X	X	X	X	–	X
35	§ 32 (2)	–	~	~	~	~	–	A	~	~	~	~	–	~	~	~	~
35	§ 32 (3)	–	A	A	A	A	A	A	–	A	~	A	–	A	A	A	A
35	§ 32 (5)	–	~	~	~	A	A	–	A	~	–	~	A	–	~	~	~
6.1.2																	
36	§ 33 (1)	–	–	–	–	X	–	~	–	–	X	–	–	–	–	–	–
36	§ 33 (2)	–	X	X	~	X	–	–	~	–	X	~	–	~	~	~	~
36	§ 33 (5)	–	–	~	~	~	–	~	~	–	~	–	–	~	~	~	~
36	§ 32 (6)	–	–	–	~	–	–	A	~	–	~	~	–	~	~	~	~

Anhang
Vergleich der Landesbauordnungen

8
8.1

Dieser Entwurfslehre ist hauptsächlich die Musterbauordnung zugrunde gelegt. Die Tabelle zeigt einen Vergleich der entsprechenden Paragraphen mit denen der Bauordnungen der einzelnen Bundesländer. Weitere den Autoren wichtig erscheinende Paragraphen aus anderen Länderbauordnungen werden ebenfalls mit denen der anderen Bauordnungen verglichen.

Symbole: **X** gleichlautend   ~ sinngemäß   **A** abweichend   – nicht enthalten

Kapitel/Seite	Musterbauordnung der Bundesrepublik Deutschland MBO 06.06.1996 Paragraph	Baden-Württemberg LBO BW 08.08.1995	Bayern BayBO 18.04.1994	Berlin BauO Bln 01.01.1996	Brandenburg BgbBO 01.06.1994	Bremen BremLBO 27.03.1995	Hamburg HBauO 27.09.1995	Hessen HBO 19.12.1994	Mecklenburg-Vorpommern LBauO M-V 26.04.1994	Niedersachsen NBauO 13.07.1995	Nordrhein-Westfalen BauO NW 12.10.1995	Rheinland-Pfalz LBauO 08.03.1995	Saarland LBO 27.03.1996	Sachsen SächsBO 26.07.1994	Sachsen-Anhalt BauO LSA 23.06.1994	Schleswig-Holstein LBO 11.07.1994	Thüringen ThürBO 03.06.1994
6.1.3																	
38	§ 32 (1)	–	A	~	~	A	A	A	A	~	A	A	A	A	A	A	A
38	§ 32 (2)	–	~	~	~	~	~	A	~	–	~	~	–	~	~	~	~
38	§ 32 (4)	–	A	~	~	A	A	~	A	A	~	~	~	~	~	~	~
38	§ 32 (5)	–	~	~	A	A	–	A	~	–	~	A	–	~	~	~	~
38	§ 32 (7)	–	A	~	~	~	–	A	~	–	A	A	–	A	~	~	~
38	§ 32 (11)	–	~	~	~	~	–	~	~	A	~	~	–	~	~	A	~
38	§ 32 (12)	–	A	~	~	~	–	~	~	–	~	~	–	~	~	~	~
38	§ 32 (13)	–	~	~	~	~	–	~	~	–	~	–	–	~	~	~	~
39	§ 31 (1)	–	X	X	X	X	~	X	X	–	X	–	X	X	X	X	X
39	§ 52 (4)	A	–	–	A	A	~	A	X	A	X	X	X	X	X	X	–	X
6.1.4																	
40	§ 34 (1)	–	A	X	~	X	A	~	X	–	~	X	–	X	X	X	X
40	§ 34 (2)	–	~	X	A	X	X	X	X	–	X	~	–	X	X	X	X
40	§ 34 (3)	–	X	X	X	X	X	X	X	–	~	A	–	X	X	X	X
40	§ 34 (5)	~	~	X	~	~	A	~	X	~	A	X	A	A	X	X	~
41	§ 34 (4)	–	X	X	~	X	~	X	~	–	~	~	–	~	~	X	X
6.2																	
42	§ 45 (1)	–	A	X	X	~	~	~	X	~	X	X	~	X	X	X	X
42	§ 45 (2)	–	–	~	X	X	~	~	–	–	~	~	X	X	X	X	X
42	BauO NW § 49 (2)	–	~	A	–	–	A	~	–	A	X	A	~	–	–	–	–
42	§ 44 (1)	A	~	X	~	~	A	X	~	A	~	X	~	X	X	A	A	X
42	§ 44 (2)	~	~	X	X	~	–	X	~	~	~	~	X	X	X	X	X
42	§ 44 (4)	A	X	X	X	A	A	A	A	A	A	~	~	X	~	X	X
6.3																	
45	§ 46 (1)	–	A	X	~	–	–	~	X	A	–	A	A	X	A	A	X
45	§ 46 (2)	–	~	X	X	–	–	~	~	–	A	~	X	X	X	X	X
45	§ 46 (3)	–	A	X	X	–	–	~	~	–	~	~	X	X	X	X	X
45	§ 46 (4)	–	~	X	–	–	–	A	X	A	–	A	X	X	A	X	X
45	§ 46 (5)	–	~	X	–	X	–	–	X	–	–	A	~	X	X	~	X
45	§ 44 (3)	X	X	X	X	X	X	~	~	~	~	X	X	X	X	X	~	X
6.5																	
52	§ 45 (3)	X	X	X	X	~	~	~	X	A	~	X	X	X	X	~	A	X
6.6																	
54	§ 47 (1)	A	X	~	~	X	~	~	A	~	~	~	~	X	X	X	X
54	§ 47 (2)	A	A	~	~	~	A	A	–	–	~	~	~	~	~	X	~
55	§ 52 (4)	–	–	–	~	–	–	–	X	A	X	X	X	X	X	–	X
57	§ 47 (2)	A	~	~	X	X	~	X	–	–	A	X	X	X	X	X	X
6.7																	
58	§ 45 (3)	A	X	X	X	X	A	~	A	X	A	A	A	X	~	X	X
58	§ 45 (4)	A	A	X	A	–	–	~	X	A	X	~	~	X	~	~	X
58	§ 45 (5)	A	~	X	–	–	~	~	X	–	X	X	X	X	–	–	X	~

Anhang

Vergleich der Landesbauordnungen 8.1

Dieser Entwurfslehre ist hauptsächlich die Musterbauordnung zugrunde gelegt. Die Tabelle zeigt einen Vergleich der entsprechenden Paragraphen mit denen der Bauordnungen der einzelnen Bundesländer. Weitere den Autoren wichtig erscheinende Paragraphen aus anderen Länderbauordnungen werden ebenfalls mit denen der anderen Bauordnungen verglichen.

Symbole: **X** gleichlautend ~ sinngemäß **A** abweichend – nicht enthalten

Kapitel/Seite	Musterbauordnung der Bundesrepublik Deutschland MBO 06.06.1996 Paragraph	Baden-Württemberg LBO BW 08.08.1995	Bayern BayBO 18.04.1994	Berlin BauO Bln 01.01.1996	Brandenburg BgbBO 01.06.1994	Bremen BremLBO 27.03.1995	Hamburg HBauO 27.09.1995	Hessen HBO 19.12.1994	Mecklenburg-Vorpommern LBauO M-V 26.04.1994	Niedersachsen NBauO 13.07.1995	Nordrhein-Westfalen BauO NW 12.10.1995	Rheinland-Pfalz LBauO 08.03.1995	Saarland LBO 27.03.1996	Sachsen SächsBO 26.07.1994	Sachsen-Anhalt BauO LSA 23.06.1994	Schleswig-Holstein LBO 11.07.1994	Thüringen ThürBO 03.06.1994
6.8																	
59	§ 39 (1)	~	X	X	X	X	X	X	X	~	~	X	X	–	X	X	X
59	§ 40	X	X	X	X	~	~	~	X	~	–	~	~	–	X	X	X
59	§ 42 (1)	–	A	A	~	~	~	~	–	–	~	X	–	X	X	–	X
59	§ 42 (4)	–	X	X	X	~	A	~	–	–	~	X	–	X	X	–	X
59	§ 43 (1)	–	A	X	X	–	A	A	X	–	X	–	X	–	X	X	A
60	§ 38 (3)	X	X	X	X	X	~	X	X	X	X	X	X	X	X	X	X
60	§ 38 (4)	X	A	A	X	X	~	X	X	X	X	A	X	X	X	X	X
60	§ 38 (5)	–	–	A	–	X	X	~	~	A	X	A	~	X	X	X	X
60	§ 38 (6)	–	–	A	A	X	~	X	X	A	A	–	~	~	X	X	X
60	§ 38 (7)	–	–	–	X	X	X	X	X	X	–	–	~	X	X	X	X
6.9																	
63	§ 48 (1)	~	X	–	X	X	~	~	X	~	X	X	X	~	X	~	~
63	§ 48 (5)	~	~	–	X	X	~	A	X	~	X	X	X	~	X	~	X
63	§ 48 (9)	~	~	~	X	A	A	~	A	A	~	~	~	X	X	~	~
63	§ 48 (10)	–	~	~	X	~	~	~	X	–	X	X	X	~	X	~	~
63	§ 6 (11)	A	A	A	A	A	A	A	A	A	A	A	~	A	A	A	A
7.2.1																	
65	LBO BW § 26 (2)	✗	A	A	A	A	A	A	A	A	A	A	A	A	A	A	A
65	§ 28 (1)	–	~	~	~	~	–	A	~	–	A	A	~	A	~	~	~
65	§ 28 (2)	~	–	–	~	~	A	–	~	–	–	–	–	~	~	–	~
65	§ 28 (3)	~	X	X	X	A	~	~	X	–	~	X	X	X	X	X	X
65	§ 28 (4)	–	~	~	~	A	–	~	~	–	A	–	–	–	~	–	~
66	§ 28 (5)	–	X	X	~	X	~	X	X	–	A	~	–	X	X	X	X
66	§ 28 (6)	–	~	~	~	~	–	~	~	–	–	–	~	~	~	~	~
66	§ 28 (7)	–	X	X	X	X	X	X	X	–	~	X	–	X	X	X	X
66	§ 28 (8)	–	~	~	~	~	–	~	~	–	–	–	~	~	~	~	~
66	§ 28 (9)	–	~	X	X	X	–	~	X	–	–	–	~	X	X	X	X
66	§ 25 (1)	A	~	~	~	X	–	–	X	A	A	~	A	X	X	X	X
66	§ 25 (2)	–	A	–	X	X	~	A	X	A	–	A	~	–	X	X	X
66	§ 25 (3)	–	~	A	X	X	–	A	X	A	–	–	~	–	X	X	X
66	§ 26 (1)	–	~	~	X	X	–	A	X	A	A	–	~	–	X	X	X
66	§ 26 (2)	–	~	A	X	X	–	A	X	A	A	–	~	–	X	X	X
66	§ 27 (1)	–	~	~	~	~	–	A	X	–	A	A	–	X	X	~	X
66	§ 27 (2)	–	~	A	–	–	–	A	X	–	~	–	–	X	X	X	X
67	BauO NW § 29 (1)	A	A	A	A	A	A	A	A	A	✗	A	A	A	A	A	A

Anhang 8
Vergleich der Landesbauordnungen 8.1

Dieser Entwurfslehre ist hauptsächlich die Musterbauordnung zugrunde gelegt. Die Tabelle zeigt einen Vergleich der entsprechenden Paragraphen mit denen der Bauordnungen der einzelnen Bundesländer. Weitere den Autoren wichtig erscheinende Paragraphen aus anderen Länderbauordnungen werden ebenfalls mit denen der anderen Bauordnungen verglichen.

Symbole: **X** gleichlautend ~ sinngemäß **A** abweichend – nicht enthalten

Kapitel/Seite	Musterbauordnung der Bundesrepublik Deutschland MBO 06.06.1996 Paragraph	Baden-Württemberg LBO BW 08.08.1995	Bayern BayBO 18.04.1994	Berlin BauO Bln 01.01.1996	Brandenburg BgbBO 01.06.1994	Bremen BremLBO 27.03.1995	Hamburg HBauO 27.09.1995	Hessen HBO 19.12.1994	Mecklenburg-Vorpommern LBauO M-V 26.04.1994	Niedersachsen NBauO 13.07.1995	Nordrhein-Westfalen BauO NW 12.10.1995	Rheinland-Pfalz LBauO 08.03.1995	Saarland LBO 27.03.1996	Sachsen SächsBO 26.07.1994	Sachsen-Anhalt BauO LSA 23.06.1994	Schleswig-Holstein LBO 11.07.1994	Thüringen ThürBO 03.06.1994
7.3.1																	
79	§ 29 (1)	A	~	A	~	X	A	A	X	A	A	A	A	~	X	~	X
79	§ 29 (2)	A	A	~	X	~	A	A	X	A	A	A	A	X	X	X	X
79	§ 29 (3)	–	~	–	X	X	–	–	X	–	~	~	–	X	X	X	~
79	§ 29 (4)	–	–	A	X	X	A	A	X	–	A	–	–	X	X	X	X
79	§ 29 (5)	~	~	X	X	X	–	~	X	~	~	~	~	X	X	X	X
79	§ 29 (6)	~	~	X	X	X	~	~	X	~	~	~	~	X	X	X	X
79	§ 29 (7)	–	–	X	X	X	–	X	X	–	–	–	–	X	X	X	X
79	§ 29 (8)	–	X	X	X	~	–	–	X	–	–	–	–	X	X	X	X
79	§ 29 (9)	–	~	~	~	~	A	~	X	–	~	~	–	X	X	X	X
79	BauO NW § 34 (1)	A	A	A	A	A	A	A	A	☒	A	A	A	A	A	A	A
80	§ 46 (5)	–	~	X	–	X	–	–	–	–	–	A	~	X	X	~	X
7.3.2																	
82	§ 30 (1)	–	~	~	~	X	~	~	~	A	X	X	~	~	~	~	~
82	§ 30 (2)	–	~	~	~	X	–	–	~	–	~	~	–	~	~	~	~
82	§ 30 (3)	–	A	A	A	X	A	A	A	A	A	A	–	A	A	A	A
82	§ 30 (4)	–	~	~	~	X	~	~	~	A	~	~	A	~	~	~	~
82	§ 30 (5)	–	~	X	X	X	A	~	X	–	–	–	–	X	X	X	X
82	§ 30 (6)	–	~	~	X	X	~	–	X	–	–	–	–	X	X	~	X
82	§ 30 (7)	A	X	X	X	X	A	~	X	A	X	X	–	X	X	X	X
82	§ 30 (8)	–	~	X	X	X	A	X	X	–	–	–	–	X	X	X	X
82	§ 30 (9)	–	~	~	X	X	~	~	~	–	–	A	–	~	~	~	~
7.4																	
84	§ 38 (1)	~	~	~	X	X	~	~	X	X	X	X	X	X	~	X	X
84	§ 38 (4)	~	A	–	A	X	~	X	X	X	X	~	A	X	X	X	X
84	§ 38 (5)	–	–	–	A	X	~	~	X	A	X	–	A	X	X	X	X
7.5																	
86	§ 35 (4)	A	A	X	X	X	–	~	X	A	~	~	A	X	X	~	X
86	§ 44 (2)	A	A	A	~	–	~	A	~	A	A	A	A	~	~	A	~
86	§ 36 (4)	–	–	X	X	X	~	A	X	–	~	~	–	X	X	X	X
87	§ 35 (3)	~	~	X	X	X	~	X	X	~	X	X	X	X	X	X	X
7.6																	
88	§ 35 (2)	–	–	X	X	X	–	X	X	–	X	~	–	X	X	~	X
7.7																	
90	§ 31 (1)	~	~	X	X	X	A	A	X	A	X	~	~	X	X	X	X
90	§ 31 (2)	A	X	X	X	X	X	X	X	A	X	~	–	X	X	X	X
90	§ 31 (3)	~	~	X	X	X	–	~	X	–	X	X	X	X	X	X	X
90	§ 31 (4)	–	A	X	X	X	A	X	X	–	X	X	–	A	X	~	X
90	§ 31 (5)	–	A	X	~	X	X	X	X	–	X	~	–	X	X	X	~
90	§ 31 (9)	–	A	X	~	X	A	X	~	–	X	~	–	X	~	X	~
91	BayBO § 36 (7)	–	☒	–	–	X	–	–	–	–	–	–	–	–	–	–	–
91	§ 31 (6)	–	X	X	X	A	~	X	X	A	X	X	–	X	X	X	X
91	§ 31 (7)	–	A	X	X	X	–	~	X	–	X	~	–	X	X	X	X
91	§ 31 (8)	–	A	X	X	~	–	~	X	–	X	~	–	X	X	X	X
7.8																	
93	§ 36 (1)	–	–	X	X	–	X	X	–	X	~	–	X	~	X	X	X
93	§ 36 (2)	–	–	X	X	X	–	X	X	–	X	~	–	X	~	X	X
93	§ 36 (3)	–	–	X	X	X	X	X	X	–	X	~	–	~	X	X	X
93	§ 36 (5)	–	–	~	A	–	–	X	~	–	X	~	–	~	X	X	X

Anhang
Quellenverzeichnis

1. Bundesrecht

BauGB	01.06.1993	Baugesetzbuch
MBO	06.06.1996	Musterbauordnung der Bundesrepublik Deutschland
HOAI	14.07.1995	Verordnung über die Honorare für Leistungen der Architekten und der Ingenieure
BauNVO	31.01.1990	Verordnung über die bauliche Nutzung der Grundstücke
II. BV	13.07.1992	Verordnung über wohnwirtschaftliche Berechnungen (zweite Berechnungsverordnung)
ApBetrO	26.09.1995	Verordnung über den Betrieb von Apotheken
ArbStättV	01.08.1983	Arbeitsstättenverordnung
ASR 7/1	02.04.1976	Arbeitsstättenrichtlinie des BMA
ASR 10/1	20.06.1985	Arbeitsstättenrichtlinie des BMA
HeimMindBauV	03.05.1983	Heimmindestbauverordnung
AufzV	17.08.1988	Verordnung über Aufzugsanlagen
–	08.12.1972	Planungsempfehlungen des Bundesministers für Raumordnung, Bauwesen und Städtebau für Altenwohnstätten

2. Landesrecht

LBO BW	08.08.1995	Landesbauordnung für das Land Baden-Württemberg
BayBO	18.04.1994	Bayerische Bauordnung
BauO Bln	01.01.1996	Bauordnung für Berlin
BgbBO	01.06.1994	Brandenburgische Bauordnung
BremLBO	27.03.1995	Bremische Landesbauordnung
HBauO	27.09.1995	Hamburgische Bauordnung
HBO	19.12.1994	Hessische Bauordnung
LBauO M-V	26.04.1994	Landesbauordnung Mecklenburg-Vorpommern
NBauO	13.07.1995	Niedersächsische Bauordnung
BauO NW	12.10.1995	Bauordnung für das Land Nordrhein-Westfalen – Landesbauordnung
LBauO	08.03.1995	Landesbauordnung von Rheinland-Pfalz
LBO	27.03.1996	Bauordnung für das Saarland
SächsBO	26.07.1994	Sächsische Bauordnung
BauO LSA	23.06.1994	Gesetz über die Bauordnung des Landes Sachsen-Anhalt
LBO	11.07.1994	Landesbauordnung für das Land Schleswig-Holstein
ThürBO	03.06.1994	Thüringer Bauordnung
VV BauO NW	25.08.1993	Verwaltungsvorschrift zur Landesbauordnung Nordrhein-Westfalen
BauPrüfVO NW	06.12.1995	Bauprüfungsverordnung NW
FeuVO NW	03.12.1995	Feuerungsverordnung NW
BASchulR NW	23.11.1976	Bauaufsichtliche Richtlinien für Schulen NW
RdErl. d. Kultusministers	19.05.1983	Runderlass des Kultusministers über Raumprogramme für allgemeinbildende Schulen
KitaRi NW	30.06.1982	Richtlinien für Tageseinrichtungen für Kinder NW
WFB NW	03.06.1992	Wohnungsbauförderungsbestimmungen NW
WohnheimB NW	30.03.1992	Bestimmungen über die Förderung des Baues von Wohnheimen NW
AWB NW	30.03.1992	Bestimmungen über die Förderung des Baues von Altenwohnungen NW
StudWB NW	14.03.1990	Bestimmung über die Förderung der Wohnraumversorgung für Studierende NW
GastBauVO NW	05.12.1995	Verordnung über den Bau und Betrieb von Gaststätten NW
GarVO NW	05.12.1995	Verordnung über den Bau und Betrieb von Garagen NW

Anhang
Quellenverzeichnis

3. Sonstige Vorschriften, Richtlinien und Veröffentlichungen

VGB 1	01.04.1977	Unfallverhütungsvorschriften der Berufsgenossenschaften für den Einzelhandel; allgemeine Vorschriften
VGB 118	01.04.1977	Unfallverhütungsvorschriften der Berufsgenossenschaften für den Einzelhandel; Verkaufsstellen
Dachatlas	1975	Institut für internationale Architektur-Dokumentation, München
Kerschkamp/Portmann	1988	Allgemeine Grundsätze zur Maßkoordinierung im Bauwesen, Beuth Verlag, Berlin
Altenwohnungen	1989	Studie zu Planungsempfehlungen zum Bau und Umbau für ältere Menschen und für Menschen aller Altersgruppen mit Behinderungen, Kuratorium Deutsche Altershilfe, Köln
Harro Streng	12.1996	Aufzüge und Fahrtreppen, DAB 12/96

4. DIN-Normen

DIN 277 T1, T2	06/87	Grundflächen und Rauminhalte von Bauwerken im Hochbau
DIN 1045	07/88	Beton- und Stahlbetonbau
DIN 1053 T1	02/90	Mauerwerksbau
DIN 1054	11/76	Baugrund
DIN 1356-1	02/95	Bauzeichnungen
DIN 4102 T1	05/81	Brandverhalten von Baustoffen und Bauteilen
DIN 4102 T4	05/95	Brandverhalten von Baustoffen und Bauteilen
DIN 4103 T1	07/84	Nichttragende innere Trennwände
DIN 4103 T2	12/85	Nichttragende Trennwände – leichte Trennwände
DIN 4109	08/92	Schallschutz
DIN 5034 T1	02/83	Tageslicht in Innenräumen, allgemeine Anforderungen
DIN 5034-4	09/94	Tageslicht in Innenräumen, vereinfachte Bestimmungen von Mindestfenstergrößen für Wohnräume
DIN 15 306	01/85	Personenaufzüge für Wohngebäude
DIN 18 000	05/84	Modulordnung im Bauwesen
DIN 18 012	06/82	Hausanschlußräume
DIN 18 017 T1	02/87	Lüftung von Bädern und Toilettenräumen ohne Außenfenster
DIN 18 017 T3	08/90	Lüftung von Bädern und Toilettenräumen ohne Außenfenster
DIN 18 022	11/89	Küchen, Bäder und WC's im Wohnungsbau
DIN 18 025 T1, T2	12/92	Barrierefreie Wohnungen
DIN 18 064	11/79	Treppen
DIN 18 065	07/84	Gebäudetreppen
DIN 18 460	05/89	Regenfalleitungen außerhalb von Gebäuden und Dachrinnen
DIN 18 951 Bl. 1	01/51 [1]	Reichsgesetzliche Regelung des Lehmbaus
DIN 18 951 Bl 2	01/5 [1]	Lehmbauten, Vorschriften für die Ausführung
DIN 18 953 Bl 1, Vornorm	05/56 [1]	Baulehm, Lehmbauteile, Verwendung von Baulehm
DIN 18 953 Bl. 2, Vornorm	05/56 [1]	Baulehm, Lehmbauteile, gemauerte Lehmwände
DIN 18 953 Bl. 3, Vornorm	05/56 [1]	Baulehm, Lehmbauteile, gestampfte Lehmwände
DIN 18 953 Bl 4, Vornorm	05/56 [1]	Baulehm, Lehmbauteile, gewellerte Lehmwände
DIN 18 953 Bl 5, Vornorm	05/56 [1]	Baulehm, Lehmbauteile, Leichtlehmwände in Gerippebauten
DIN 18 954, Vornorm	05/56 [1]	Ausführung von Lehmbauten, Richtlinien
DIN 18 955, Vornorm	08/56 [1]	Baulehm, Lehmbauteile, Feuchtigkeitsschutz
DIN 68 901	01/86	Koordinationsmaße für Küchenmöbel und Küchengeräte

[1] zurückgezogen

Anhang

Sachwortverzeichnis

A

Abbruch von baulichen Anlagen, genehmigungsfrei	23-30
Abfall -behälter	59
-sammelräume	59
-schächte	59
-stoffe, Anlagen für feste	59
Abgasanlagen	60, 84
Abgrabungen	23-30
–, Begriff	15
Abstände	32
Abstandflächen	17, 31, 32
– für Garagen	63
Abstellplätze, Begriff	15
Abstellräume – in Altenheimen	58
– in Altenwohnheimen	58
– in Altenwohnungen	58
– in barrierefreien Wohnungen	58
–, Begriff	18
– in Kindertagesstätten	58
– in Pflegeheimen für Volljährige	58
– in Wohnheimen	58
– für Wohnungen	58
Abwasseranlagen	59
Altenheime, Abstellräume	58
–, Aufzüge	41
–, Flure	36
–, Gebäudezugänge	34
–, Gemeinschaftsräume	45
–, Küchen	53
–, Sanitäreinrichtungen	56
–, Treppen	92
–, Türen	88
–, Wohnräume	44
–, Zugänge	34
Altenwohnhäuser, Gemeinschaftsräume	45
Altenwohnheime, Abstellräume	58
–, Aufzüge	41
–, Flure	36
–, Gebäudezugänge	34
–, Gemeinschaftsräume	45
–, Küchen	53
–, Sanitäreinrichtungen	56
–, Treppen	92
–, Türen	88
–, Wohnräume	44
–, Zugänge	34
Altenwohnungen, Abstellräume	58
–, Aufzüge	41
–, Bügelräume	58
–, Küchen	53
–, Loggien	46
–, Rampen	39
–, Sanitärräume	55
–, Treppen	92
–, Türen	88
–, Vorräume	37
–, Wohnräume	44
–, Zugänge	34
Anlagen, für feste Abfallstoffe	59
–, Abgas-	60, 84
–, Abwasser-	59
–, bauliche, Begriff	15
–, bauliche, genehmigungsfrei	23-30
–, Feuerungs-	60-62, 84
–, haustechnische	59-62
–, Lüftungs– für Heizräume	61
–, Niederschlagswasser-	59
–, Spiel-	23-30
–, Sport-	23-30
–, Wärme– und Brennstoffversorgungs-	60
–, Wasserversorgungs-	59
Ansichten	13
Antennen, genehmigungsfrei	23-30
Apothekenbetriebsräume	47
Arbeitsstätten, Aufzüge	41
–, Aufzüge, Begriff	19
–, Ausgänge	35
–, Begriff	19, 20
–, Beleuchtung	46
–, Bereitschaftsräume	47, 57
–, Bewegungsflächen	46
–, Fahrtreppen und Fahrsteige	93
–, Fenster	87
–, Lager	58
–, Liegeräume	47
–, Notausgänge	35
–, Pausenräume	47, 57
–, Rampen	39
–, Raumgrößen	46
–, Sanitärräume	57
–, Steigeisengänge	93
–, Steigleitern	93
–, Toilettenräume	57
–, Türe und Tore	89
–, Verkehrswege	37
–, Wände	78
Aufenthaltsräume	42-47
–, Ausgänge	33
–, Begriff	19
–, Fenster	86
–, Rettungswege	36, 38
Aufschüttungen, Begriff	15
–, genehmigungsfrei	23-30
Auftragsvergabe	10
Aufzüge	40, 41
– in Altenheimen	41
– in Altenwohnheimen	41
–, Altenwohnungen	41
– in Arbeitsstätten	41
– in Arbeitsstätten, Begriff	19
– für barrierefreie Wohnungen	34, 41
– für gewerbliche Nutzung	41
– in Pflegeheimen für Volljährige	41
– für Rollstuhlbenutzer	40, 41
– in Wohnheimen	41
Ausführungs -planung	10
-zeichnungen	12
Ausgänge	33-36
– aus Arbeitsstätten	35
– von Brennstofflagerräumen	62

Anhang
Sachwortverzeichnis

– aus Gaststätten 35
– aus Kellergeschossen 35
– aus notwendigen Treppenräumen 35
– von Heizräumen 61
Außenbereich, Zulässigkeit von Bauvorhaben 22
Außenwände 66, 75
aussteifende Wände 75, 76
–, Begriff 20
Ausstellungsplätze, Begriff 15
Ausstellungsstände, genehmigungsfrei .... 23 - 30

B
Bäder, siehe Sanitäreinrichtungen .... 54 - 57
Balken 72, 73
Balkone, Sichtblenden, genehmigungsfrei 28
Balkonverglasungen, genehmigungsfrei 24
barrierefreie Wohnungen, Abstellräume 58
–, Aufzüge 34, 41
–, Eingänge 33, 34
–, Fenster 87
–, Flure 36
–, Freisitze 45
–, Küchen 53
–, Rampen 34, 39
–, Sanitäreinrichtungen 55
–, Treppen 92
–, Türen 88
–, Wohnfläche 42, 43
Bauart, Begriff 15
Baubeschreibung 13
Baubestandszeichnungen 12
Baugenehmigung .... 22 - 30
Baugenehmigungsverfahren, vereinfachtes 22
Baugrundstück, Begriff 15
bauliche Anlagen, Begriff 15
–, genehmigungsfrei .... 23 - 30
Baumaßnahmen, Begriff 15
–, genehmigungsfrei .... 22 - 30
Bauprodukte, Begriff 16
Baustelleneinrichtungen, genehmigungsfrei .. 23 - 30
Baustoffklassen 21
bautechnische Nachweise 13
Bauvorhaben 22
Bauvorlagezeichnungen 11
Bauvorschriften, örtliche 22
Bauweise, geschlossene, Begriff 15
–, offene, Begriff 15
Bauwerk, Begriff 15
Bauzeichnungen .... 11 - 13
Bebauung, Begriff 15
Bebauungsplan 22
–, Begriff 15
Behälter, genehmigungsfrei .... 23 - 30
– für Flüssiggas, genehmigungsfrei .... 23 - 30
– für Regenwasser, genehmigungsfrei 27
Beherbergungsbetriebe, Beherbergungsräume ... 44
–, Personenaufzüge 41
–, Sanitärräume 56, 57
Beherbergungsräume in Beherbergungsbetrieben 44
Behinderte, Einrichtungen für .... 33, 34, 39, 41 - 43, 45,

.... 53, 55, 58, 64, 87, 88, 92
–, Lifte für, genehmigungsfrei 26
–, Treppen für, genehmigungsfrei 26
Bereitschaftsräume in Arbeitsstätten 47, 57
–, Fenster 87
Betriebsstätten, Toilettenräume 57
Bewegungsflächen, Begriff 18
Bienenhäuser, genehmigungsfrei 24, 30
Blockheizkraftwerke, genehmigungsfrei .... 23 - 30
Brandbelastung, Dächer 83
–, Decken 80, 81
–, Wände .... 65 - 70
Brandwände 65, 66, 70
–, Begriff 21
Brennstoff -lagerräume 62
-versorgungsanlagen 60
Brunnen, genehmigungsfrei .... 23 - 30
Brüstungen, Fenster- 86
Brutto-Rauminhalt, Begriff 19
Bügelräume in Altenwohnungen 58
Bühneneinrichtungen 26

C
Campingplätze, Begriff 15

D
Dachausbauten, genehmigungsfrei .... 23 - 30
Dächer 82, 83
–, Brandbelastung 83
–, geneigte 83
Dachgauben, genehmigungsfrei 24
Dachräume, Decken 80
Dachrinnen 94
Decken .... 79 - 81
– von Brennstofflagerräumen 62
–, Brandbelastung 80, 81
– von Dachräumen 80
– von Heizräumen 61, 80
– aus Lehm 80
Denkmäler, genehmigungsfrei .... 23 - 30
Dokumentation des Bauvorhabens 11
Durchfahrten in Schulen 34

E
Einbauten von baulichen Anlagen, genehmigungsfrei .... 23 - 30
Einfriedungen, genehmigungsfrei .... 23 - 30
Eingänge, siehe auch Zugänge .... 33 - 36
Eingangsvorbauten, genehmigungsfrei 26
Einrichtungen für Behinderte .... 33, 34, 39, 41 - 43, 45,
.... 53, 55, 58, 64, 87, 88, 92
Einrichtungen für Straßenfeste, genehmigungsfrei ..... 23 - 30
Einstellplätze 63
Entwurfs -planung 10
-zeichnungen 11
Eßplätze in Wohnungen 52

F
Fahrgastflächen, Begriff 18
Fahrgastunterstände, genehmigungsfrei .... 23 - 30
Fahrradabstellanlagen, genehmigungsfrei .... 23 - 30

Anhang

Sachwortverzeichnis

8.3

Fahrradabstellräume	58
Fahrschächte	40
Fahrsteige in Arbeitsstätten	93
Fahrtreppen in Arbeitsstätten	93
Fahrzeugabstellflächen, Begriff	18
Fahrzeugverkehrsflächen, Begriff	18
Fenster	86, 87
– in Arbeitsstätten	87
– in Aufenthaltsräumen	86
– in barrierefreien Wohnungen	87
– von Brennstofflagerräumen	62
-brüstungen	86
– in Gaststätten	87
– in Heizräumen	61, 87
– in Krankenzimmern	87
–, notwendige	33, 42, 45, 86
–, notwendige, Begriff	20
Feuerstätten	60 - 62, 84
–, Begriff	16
–, genehmigungsfrei	23 - 30
Feuerungsanlagen	60 - 62, 84
Feuerwiderstandsklassen	21
Flure	36, 37
– in Altenheimen	36
– in Altenwohnheimen	36
– in barrierefreien Wohnungen	36
–, Begriff	18
– in Gaststätten	36
–, notwendige	36
–, notwendige, Begriff	19
– in Pflegeheimen für Volljährige	36
– in Wohnheimen	36
Flüssiggasbehälter, genehmigungsfrei	23 - 30
forstwirtschaftliche Gebäude, genehmigungsfrei	23 - 30
Freisitze in barrierefreien Wohnungen	45
Fundamente	65
Funktionsflächen, Begriff	17
Fussböden – von Brennstofflagerräumen	62
– von Heizräumen	61

G

Gänge – in Verkaufsstellen	47
–, notwendige	36
–, notwendige, Begriff	19
Garagen	63, 64
–, Begriff	16
Garagen, genehmigungsfrei	24 - 30
–, notwendige	63
– für Rollstuhlbenutzer	64
Garderoben, Begriff	18
Gartenlauben, genehmigungsfrei	23 - 30
Gasfeuerstätten	60, 84
Gastbetriebe, Personenaufzüge	41
Galträume	46
Gaststätten, Ausgänge	35
–, Fenster	87
–, Flure	36
–, Küchen	53
–, Rettungswege	34, 35
–, Sanitärräume	56, 57

–, Treppen	92
–, Treppenräume	38, 92
–, Türen	89
–, Umwehrungen	93
–, Vorratsräume	58
Gebäude -abschlusswände	65, 67
-abschlusswände, Begriff	20
–, Begriff	15, 16
–, land– und forstwirtschaftlich, genehmigungsfrei	23 - 30
-trennwände	65, 67
-trennwände, Begriff	20
-zugänge in Altenheimen, Altenwohnheimen und Pflegeheimen für Volljährige	34
Geländer	93
–, Treppen-	91, 92
Gemeinschaftsräume – in Altenheimen, Altenwohnheimen und Pflegeheimen für Volljährige	45
– in Altenwohnhäusern	45
– in Wohnheimen	45
Genehmigungsplanung	10
geneigte Dächer	83
Gerüste, Begriff	15
Geschosse, oberirdische, Begriff	19
–, Voll–, Begriff	19
Gewächshäuser, genehmigungsfrei	23 - 30
Glastüren	88
Grundfläche, Begriff	17, 18
Grundlagenermittlung	10
Grundmodul	13
Grundrisse	12
Grundstück, Begriff	15
-stücksfläche, überbaubar, Begriff	17
–, Zufahrten	33
–, Zugänge	33
Gründungen	65

H

Hallen, Begriff	18
Handläufe	91, 92
Hauptnutzfläche, Begriff	17
Hausanschlussräume	59
–, Begriff	19
Hauseingangsüberdachungen, genehmigungsfrei	24, 25, 30
haustechnische Anlagen	59 - 62
Heizöllagerräume	61, 62
Heizräume	60, 61
–, Decken	80
–, Fenster	87
–, Türen	88
–, Wände	67
Hochbauten, Begriff	16
Hochhäuser, Begriff	16

I

Innenwände	75

K

Kachelöfen	85
Kamine, offene	84
Kellergeschosse, Ausgänge	35

Anhang
Sachwortverzeichnis

Kellerlichtschächte 87, 93
Kfz-Stellplätze 63, 64
　–, Begriff 16
Kindertagesstätten 34, 48-49
　–, Abstellräume 58
　–, Putzräume 58
　–, Raumbedarf 48
Kioske, genehmigungsfrei 25
Kleinkläranlagen, genehmigungsfrei 23-30
Kleinküchen 53
Kleintierställe, genehmigungsfrei 27-30
Kochnischen 53
Koordinationsmaß 13
Koordinationssystem 13
Krabbelstuben 48
Krankenzimmer, Fenster 87
Krippen 48
Küchen 52, 53
　– in Altenheimen, Altenwohnheimen und
　　Pflegeheimen für Volljährige 53
　– in Altenwohnungen und Altenwohnheimen ... 53
　– in barrierefreien Wohnungen 53
　– in Gaststätten 53
　– für Rollstuhlbenutzer 53
　– in Wohnheimen 53
　– in Wohnungen 52

L
Laderampen 39
Lageplan 11
Lager in Arbeitsstätten 58
Lagerplätze, Begriff 15
Lagerräume für feste Brennstoffe und Heizöl 62
Landesbauordnungen, Vergleich 95-99
landwirtschaftliche Gebäude, genehmigungsfrei .. 23-30
Lehm -Brandwände 66
　-decken 80
　-wände 78
leichte Trennwände 77
　–, Begriff 21
Lichtschächte 87, 93
Liegeräume, in Arbeitsstätten 47
　–, Fenster 87
Lifte für Behinderte 26
Loggien 45, 46
　– in Altenwohnungen 46
　– in Wohnheimen 46
Lüftung von Sanitärräumen 54, 55
Lüftungsanlagen für Heizräumen 61

M
Maßkoordinierung 13
Mauern 24
Modulordnung 13, 14
Mülltonnen 59
Multimodul 13

N
Nebennutzfläche, Begriff 18
Nebenräume 58

Netto-Grundfläche, Begriff 17, 18
Netto-Rauminhalt, Begriff 19
nichttragende Wände 76
　–, Begriff 20
Niederschlagswasseranlagen 59
Notausgänge aus Arbeitsstätten 35
notwendige Fenster 33, 42, 45, 86
　–, Begriff 20
notwendige Flure 36
　–, Begriff 19
notwendige Gänge 36
　–, Begriff 19
notwendige Garagen 63
notwendige Stellplätze 63
　–, Begriff 16
notwendige Treppen 36, 90
　–, Begriff 20
notwendige Treppenräume 36, 38
　–, Ausgänge 35
　–, Begriff 20
Nutzfläche, Begriff 17
Nutzungsänderung von baulichen Anlagen,
genehmigungsfrei 23-30

O
oberirdische Geschosse, Begriff 19
Objekt -betreuung 11
　-planung 10, 11
　-überwachung 10
offene Kamine 84

P
Panoramaaufzüge 40
Parabolantennen, genehmigungsfrei 23-30
Pausenräume, in Arbeitsstätten 47, 57
　–, Fenster 87
Personenaufzüge 40, 41
　– in Beherbergungsbetriebe 41
　– in Gastbetrieben 41
Pfeiler 66, 71
Pflegeheime für Volljährige, Abstellräume 58
　–, Aufzüge 41
　–, Flure 36
　–, Gebäudezugänge 34
　–, Gemeinschaftsräume 45
　–, Küchen 53
　–, Sanitäreinrichtungen 56
　–, Treppen 92
　–, Türen 88
　–, Wohnräume 44
　–, Zugänge 34
Podeste 90
Putzräume in Kindertagesstätten 58

R
Rampen 39
　– in Altenwohnungen 39
　– in Arbeitsstätten 39
　– in barrierefreien Wohnungen 39
　– zu barrierefreien Wohnungen 34

Anhang
Sachwortverzeichnis   8.3

- – für Fahrzeuge ... 63
- – für Rollstuhlbenutzer ... 39
- – in Wohnheimen ... 39
- Rauchschornsteine ... 84, 85
- Raumbedarf für Kindertagesstätten ... 48
- Räume, Abfallsammel- ... 59
  - –, Abstell- ... 58
  - –, Apothekenbetriebs- ... 47
  - –, Aufenthalts- ... 36, 38, 42-47
  - –, Aufenthalts–, Ausgänge ... 33
  - –, Aufenthalts–, Begriff ... 19
  - –, Beherbergungs- ... 44
  - –, Brennstoff– und Heizöllager- ... 62
  - –, Bügel- ... 58
  - –, Decken von Dach- ... 80
  - –, Decken in Heiz- ... 80
  - –, Fenster in Aufenthalts- ... 86
  - –, Fenster in Bereitschafts- ... 87
  - –, Fenster in Heiz- ... 87
  - –, Fenster in Liege- ... 87
  - –, Fenster in Pausen–, ... 87
  - –, Fenster in Sanitäts- ... 87
  - –, Fenster in Verkaufs- ... 87
  - –, Gast- ... 46
  - –, Gemeinschafts– in Altenheimen, Altenwohnheimen und Pflegeheimen für Volljährige ... 45
  - –, Gemeinschafts– in Altenwohnhäusern ... 45
  - –, Gemeinschafts– in Wohnheimen ... 45
  - –, Hausanschluss- ... 59
  - –, Heiz- ... 60, 61
  - –, Heizöllager- ... 61
  - – in Kindertagesstätten und Schulen ... 34, 48-51
  - –, Neben- ... 58
  - –, Pausen– und Bereitschafts- ... 57
  - –, Pausen–, Bereitschafts–, Liege- ... 47
  - –, Putz- ... 58
  - –, Sanitär- ... 54-57
  - –, Sicherheitstreppen- ... 38
  - –, Toiletten- ... 54-57
  - –, Treppen- ... 33-36, 38, 39
  - –, Treppen– in Gaststätten ... 38, 92
  - –, Treppen–, notwendige ... 38, 39
  - –, Treppen–, notwendige, Ausgänge ... 35
  - –, Treppen–, notwendige, Begriff ... 20
  - –, Trocken- ... 58
  - –, Türen von Heiz- ... 88
  - –, Umkleide- ... 57
  - –, Unterrichts– in Schulen ... 49-51
  - – für Verkehrszonen ... 34-41
  - –, Vorrats- ... 58
  - –, Wasch- ... 57
  - – für Wohnzwecke ... 42-45
  - – für zentrale Technik, Begriff ... 18
- Rauminhalt, Brutto–, Begriff ... 19
  - –, Netto–, Begriff ... 19
- Raumprogramme für Schulen ... 49-51
- Regale, genehmigungsfrei ... 24-30
- Regenfallleitungen ... 94
- Rettungswege ... 33-39, 45, 86, 88
  - –, Begriff ... 19
- – in Gaststätten ... 34, 35
- – in Schulen ... 34
- Rollstuhlabstellplatz ... 34, 58
- Rollstuhlbenutzer, Abstellplatz ... 58
  - –, Aufzüge ... 40, 41
  - –, Bewegungsflächen ... 43
  - –, Fenster ... 87
  - –, Garagen ... 64
  - –, Küchen ... 53
  - –, Rampen ... 39
  - –, Sanitäreinrichtungen ... 55
  - –, Türen ... 88
- Rolltreppen ... 90

S
- Sanitäreinrichtungen ... 54-57
  - – in barrierefreien Wohnungen ... 55
  - –, Rollstuhlbenutzer ... 55
- Sanitärräume in Altenheimen, Altenwohnheimen und Pflegeheimen für Volljährige ... 56
  - – in Altenwohnungen ... 55
  - – in Arbeitsstätten ... 57
  - –, Begriff ... 18
  - – in Gaststätten und Beherbergungsbetrieben ... 56, 57
  - –, Lüftung ... 54, 55
  - – in Wohnheimen ... 55, 56
- Sanitätsräume, Fenster ... 87
- Schächte für Förderanlagen, Begriff ... 18
- Schnitte ... 12, 13
- Schornsteine ... 84, 85
  - –, genehmigungsfrei ... 23-30
- Schulen ... 34, 49-51
  - –, Raumprogramme ... 49-51
  - –, Rettungswege ... 34
  - –, Türen ... 88
  - –, Unterrichtsräume ... 44-46
  - –, Zu– und Durchfahrten ... 34
- Schutzhütten, genehmigungsfrei ... 23-30
- Schutzräume, Begriff ... 18
- Schwimmbeckenüberdachungen, genehmigungsfrei ... 23-30
- Sicherheitstreppenraum ... 33, 38
- Solarenergieanlagen, genehmigungsfrei ... 23-30
- Sonnenkollektoren, genehmigungsfrei ... 23-30
- Spielanlagen, genehmigungsfrei ... 23-30
- Spindeltreppen ... 91
- Sportanlagen, genehmigungsfrei ... 23-30
- statische Belastung, Wände ... 75-78
- Steigeisengänge in Arbeitsstätten ... 93
- Steigleitern in Arbeitsstätten ... 93
- Stellplätze für Kfz ... 63, 64
  - –, Begriff ... 16
  - –, genehmigungsfrei ... 23-30
  - –, notwendige ... 63
  - –, notwendige, Begriff ... 16
- Straßenfeste, Einrichtungen für, genehmigungsfrei ... 23-30
- Studentenwohnheime, Wohnräume ... 44
- Stützen ... 66, 71-74
- Stützmauern, genehmigungsfrei ... 23-30

Anhang

Sachwortverzeichnis

8

8.3

T

Tageseinrichtungen für Kinder, Zugänge	34
Taubenhäuser, genehmigungsfrei	24
Terrassen, Sichtblenden, genehmigungsfrei	28
-überdachungen, genehmigungsfrei	24, 26, 28
Toiletten, öffentliche, genehmigungsfrei	25
-räume	54-57
-räume in Betriebs- und Arbeitsstätten	57
-räume, Lüftung	54, 55
Tore in Arbeitsstätten	89
tragende Wände	66
-, Begriff	20
Träger, wandartige	76
Trennwände	66
-, leichte	77
-, leichte, Begriff	21
Treppen	90-93
-absätze	90
- in Altenheimen, Altenwohnheimen und Pflegeheimen für Volljährige	92
- in Altenwohnungen	92
- in barrierefreien Wohnungen	92
-, Begriff	18
- für Behinderte	26
- in Gaststätten	92
-geländer	91, 92
-läufe	90-92
-, notwendige	36, 90
-, notwendige, Begriff	20
-stufen	91
- in Verkaufsstellen	47, 93
- in Wohnheimen	92
Treppenräume	33-36, 38, 39
- in Gaststätten	38, 92
-, notwendige	36, 38
-, notwendige, Ausgänge	35
-, notwendige, Begriff	20
-, Sicherheits-	38
Trockenräume	58
Türen	88, 89
- in Altenheimen, Altenwohnheimen und Pflegeheimen für Volljährige	88
- in Altenwohnheimen	88
- in Altenwohnungen	88
- in Arbeitsstätten	89
- in barrierefreien Wohnungen	88
- von Brennstofflagerräumen	62
- in Gaststätten	89
- von Heizräumen	61, 88
-, Rollstuhlbenutzer	88
- in Schulen	88
- in Wohnheimen	88

U

Umbauten von baulichen Anlagen, genehmigungsfrei	23-30
Umkleideräume in Arbeitsstätten	57
Umwehrungen	91-93
- in Gaststätten	93
Unterrichtsräume in Schulen	49-51
Unterzüge	72, 73

V

Veranden	26
Verbundstützen	74
Verbundträger	73
Vergleich der Landesbauordnungen	95-99
Verkaufsräume, Fenster	87
Verkaufsstände, genehmigungsfrei	23-30
Verkaufsstellen	20
-, Gänge und Treppen	47
-, Treppen	93
Verkehrsflächen	37
-, Begriff	18
-, öffentliche, Begriff	15
Verkehrswege in Arbeitsstätten	37
Verkehrszonen, Räume	34-41
Vollgeschosse, Begriff	19
Vorbauten, genehmigungsfrei	24
Vorentwurfszeichnungen	11
Vorplanung	10
Vorratsräume in Gaststätten	58
Vorräume – in Altenwohnungen	37
– in Wohnheimen	37
Vorzugszahlen	14

W

Wandartige Träger	76
Wände	65-70, 75, 78
– in Arbeitsstätten	78
–, Außen-	66, 75
–, aussteifend	75, 76
–, aussteifend, Begriff	20
–, Brand-	65, 66, 70
–, Brand-, Begriff	21
–, Brandbelastung	65-70
– von Brennstofflagerräumen	62
–, Druckglieder	76
–, Gebäudeabschluss-	65, 67
–, Gebäudeabschluss-, Begriff	20
–, Gebäudetrenn-	65, 67
–, Gebäudetrenn-, Begriff	20
– von Heizräumen	61, 67
–, Innen-	75
– aus Lehm	78
–, leichte Trenn-	77
–, leichte Trenn-, Begriff	21
–, nicht raumabschließend	69
–, nichttragend	76, 77
–, nichttragend, Begriff	20
–, raumabschließend	68, 69
–, statische Belastung	75-78
–, tragend	66
–, tragend, Begriff	20
–, Trenn-	66
–, Wohnungstrenn-	66
–, Wohnungstrenn-, Begriff	20
Wärmepumpen, genehmigungsfrei	23-30
Wärmeversorgungsanlagen	60
Waschräume in Arbeitsstätten	57
Wasserbecken, genehmigungsfrei	23-30
Wasserversorgungsanlagen	59

Anhang
Sachwortverzeichnis

WCs siehe Sanitäreinrichtungen	54-57
Wendeltreppen	91
Werbeanlagen, genehmigungsfrei	23-30
Windenergieanlagen, genehmigungsfrei	24, 28, 29
Wintergärten, genehmigungsfrei	26, 28, 29
Wochenendhäuser, genehmigungsfrei	23-30
Wochenendplätze, Begriff	15
Wohnfläche, Begriff	18
Wohnheime, Abstellräume	58
–, Aufzüge	41
–, Flure	36
–, Gemeinschaftsräume	45
–, Küchen	53
–, Loggien	46
–, Rampen	39
–, Sanitärräume	55, 56
–, Treppen	92
–, Türen	88
–, Vorräume	37
–, Wohnräume	43, 44
Wohnräume	42-45
– in Altenheimen, Altenwohnheimen und Pflegeheimen für Volljährige	44
– in Altenwohnungen	43
– in Studentenwohnheimen	44
– in Wohnheimen	43, 44
Wohnungen	42
–, Begriff	19
–, Eßplätze	52
–, Küchen	52
–, Zugänge	33
Wohnungen, barrierefrei, Abstellräume	58
–, Aufzüge	34, 41
–, Eingänge	33, 34
–, Fenster	87
–, Flure	36
–, Freisitz	45
–, Küchen	53
–, Rampen	34, 39
–, Sanitäreinrichtungen	55
–, Treppen	92
–, Türen	88
–, Wohnfläche	42
Wohnungsgrößen – von Altenwohnungen	42
– von Sozial– und Genossenschaftswohnungen	42
Wohnungstrennwände	66
–, Begriff	20

Z

Zeltplätze, Begriff	15
Zufahrten – auf Grundstücken	33
– in Schulen	34
Zugänge – in Altenheimen, Altenwohnheimen und Pflegeheimen für Volljährige	34
– von Altenwohnungen	34
– in barrierefreie Wohnungen	33, 34
– auf Grundstücken	33
– zu Tageseinrichtungen für Kinder	34
– zu Wohnungen	33
Zwischenpodeste	92

BAUVERLAG

Symbole und Sinnbilder in Bauzeichnungen

nach Normen, Richtlinien und Regeln

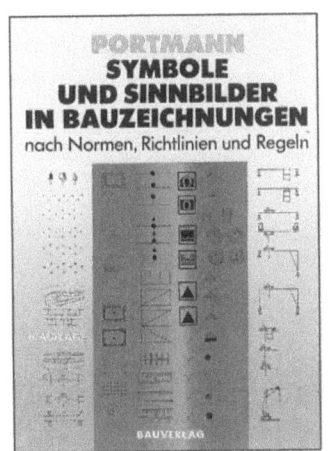

Von Prof. Dr.-Ing. K. D. Portmann und Dipl.-Ing. U. Portmann. 6., völlig neubearbeitete Auflage 1995. 149 Seiten DIN A 4 mit Darstellung von über 2.500 Symbolen und Sinnbildern. Kartoniert DM 68,– / öS 531,– / sFr 68,–
ISBN 3-7625-3176-5

Allgemein eingeführte bzw. genormte Sinnbilder und Symbole machen Bauzeichungen übersichtlicher und transparenter. Diese neubearbeitete Sammlung gibt einen Überblick über etwa 2.500 Zeichen.

Sie sind nach ihrer sachlichen Zusammengehörigkeit geordnet. Ein Stichwortregister, das nahezu 1.700 Fachbegriffe umfaßt, ermöglicht das gezielte Nachschlagen.

Die 6., völlig neubearbeitete Auflage berücksichtigt nicht nur die in zahlreichen DIN-Normen festgelegten, sondern auch die von anderen technischen Gremien und der Industrie erarbeiteten allgemein gebräuchlichen Zeichen. Neuerungen und Ergänzungen betreffen u. a. die in den Bauvorlagenverordnungen der Bundesländer vorgeschriebenen Zeichen.

Konstruieren von Skelettbauten

Von Prof. Dr.-Ing. K. D. Portmann und Dipl.-Ing. U. Portmann. 1995. 269 Seiten DIN A 4 mit zahlreichen Abbildungen. Gebunden DM 198,– / öS 1.445,– / sFr 176,–
ISBN 3-7625-2958-2

Systematisch und unter Berücksichtigung derzeit gültiger Gesetze, Normen und Vorschriften werden in diesem Buch die konstruktiven Möglichkeiten von Stahl, Stahlbeton, Holz und Aluminium für Fundamente, Stützen, Unterzüge, Decken und Treppen im Skelettbau einander gegenübergestellt und verglichen, ohne daß eine Wertung stattfindet.

Im Vordergrund steht dabei die tragende Struktur von Skelettkonstruktionen, jedoch werden auch Hinweise zu Ausbauelementen gegeben. Sonderkonstruktionen mit Ausfachungen aus Glas und Membranen und Konstruktionen für Hochhäuser werden ebenfalls behandelt. Die in den Bauordnungen der Länder und den entsprechenden Normen und Richtlinien festgeschriebenen Anforderungen an Standsicherheit und Brandsicherheit eines Gebäudes stellen die Grundlage der angegebenen überschlägigen Querschnittsermittlungen dar. Anhand von vielen Abbildungen erläutern die Autoren die konstruktiven Gesetzmäßigkeiten sowie die materialspezifischen und -typischen Besonderheiten der Skelettbauweise, ohne deren Kenntnis kein qualifizierter Entwurf möglich ist.

Preise bei Drucklegung, Preisänderungen vorbehalten.

BAUVERLAG GMBH · D-65173 Wiesbaden

If you have any concerns about our products,
you can contact us on
ProductSafety@springernature.com

In case Publisher is established outside the EU,
the EU authorized representative is:
**Springer Nature Customer Service Center GmbH
Europaplatz 3, 69115 Heidelberg, Germany**

Printed by Libri Plureos GmbH
in Hamburg, Germany